U0056303

精粹生活的 理物哲學

**簡單不勉強、小坪數也適用，
設計理想生活的整理收納思維！**

整理顧問 Clio Yung 著

鳴 謝

在此感謝我的家人，
我的妹妹Jasper和Kasmine在整理專業路上的支持、
得力助手Hody、拍攝本書個人形象照的JJ Lau
以及 路上向我提供意見的同業前輩和朋友們。

序 言

　　下筆之時，回想起我在選擇整理收納作為事業發展的初衷。

　　在幾年前，我非常沉迷於觀看美妝類的 YouTube 影片。在耳濡目染下，每次都花費上千元網購化妝品和美妝工具，囤積的美妝用品多到都堆到床櫃。

　　同樣在 YouTube，某一天我偶然之下點擊了美國 The Minimalists 的 TED Talk。當中 Joshua 提及他處理媽媽的遺物的過程，讓他反思物質以及自己那種以物質為中心的生活帶給他的意義。

　　環顧房間四周，這些美妝用品對我來說又有什麼價值呢？將我變美的化妝品只有我每天在用的那幾盒、某幾瓶。其他呢？其實是為了填補我覺得自己不美的缺陷。因為一直覺得自己不美，所以不斷地按下購買鍵，彷彿美麗的指數會隨著化妝品數量而上升。

　　2016 至 2017 年期間，我做了一個實驗：每次化妝都用右頁圖中化妝盤中的產品，並且在每個月的月底拍照記

錄使用情況。在國外,這個挑戰稱為 Project Pan Challenge(鐵皮挑戰)。

結果是,當時一個星期會化五至六天妝的我,在十四個月內都用不完胭脂和古銅粉,甚至沒有見底;而眼影方面,完全用完的只有三顆眼影色。

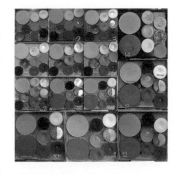

這個挑戰,讓我不得不正視當時的消費習慣所導致的徹底浪費。那些過期和變質的化妝品不但對我的生活沒有價值,反而占據我的生活空間,增加負擔。

這次的反思也帶領我檢視其他種類的物品,從文具到衣服、到文件和帶有回憶的物品。在過程中我察覺到自己比起擁有它們,更享受只須一個行李就能出走的自由,以及可以充分掌控和利用物品的感覺。

之後,經過幾年的實踐,「MINUSfocus」誕生了。

MINUSfocus 的意思是：

MINUSfocus 顧問公司的作業特色，在於精準規劃生活及空間的前提下，「先精簡、重整理、輕收納」。精選高價值物品後，必須做到整理（使物品有序），讓物品易於管理；整理之後，必須做到良好收納，讓物品易取易收，方便使用；而收納用品則需要在做到易取易收的前提下越少越好。

MINUSfocus 積極推廣「理物思維」的理念，鼓勵人們建立生活「目標」和分析「行為」後，再進行物品的「精簡」、「整理」和「收納」；並且在過去的一年多，將「理物思維」應用在整理收納課程以及義工培訓當中。缺一不可的五個步驟，是維持整理收納後成果的關鍵。

本書作者 Clio 為香港非牟利政府機構舉辦之整理收納工作坊

　　每個人需要的物品數量都不盡相同，但只要規劃生活和空間，讓物品符合生活目標，就是一個很好的起點。

　　期許本書的介紹和說明，能夠帶領各位讀者重新認識自己的生活與空間，從理物的過程中與生命中的禮物相遇。

Clio Yung
2022 年 6 月

目 次

Chapter 2　理物辭典

精簡篇

整理篇

目　次

收納篇

理 物 思 維

Chapter 1

在動手理物之前，你需要的是梳理思緒。本章將會介紹「理物思維」──從建立生活目標開始，發掘自己的整理目標並開啟整理計畫。

改變
從訂立生活目標開始

▌我需要改變嗎？

　　拿起這本書的你，可能希望改善家裡的環境、或希望嘗試說服家人整理物品、又或者單純對整理收納這課題有興趣。

　　無論什麼驅使你翻開這一頁，面對物品，我們問的第一個問題，不是「如何整理收納？」（How），而是「**我們需要整理收納嗎？**」（If）。

　　在此我必須為身邊的享受亂中有序的朋友平反一下。即使物品繁多或雜亂無章，也不代表非進行整理不可。

　　幾年前有機會到訪一位享譽國際的珠寶設計師家中。她同時亦是一位收藏家。無論是客廳或是飯廳都放置滿滿的收藏品。這些收藏的風格不一，大部分源自中國，其中也摻著來自日本、荷蘭、法國的藝術品。

　　如果今天我再到訪並有機會整理她的家，我會怎樣制定整理計畫呢？

　　答案是，這屋子不需要整理。她是有意為之，而不是日久失修而來的亂。正如她穿著的鴛鴦鞋，不是因為早上沒照鏡子，而是源於她獨有的美感和行為背後的價值觀。

　　餐桌上有需要放置幾十件餐具嗎？有，沒有用來進食的必要，卻有展示的需要。

　　物品總量太多了嗎？對我來說是，但對她來說剛剛好。如何得知？因為她能掌握物品擺放的位置，甚至能隨手從我眼中雜亂無章的工作間中取出她的著作送給我。

　　另外一個更「極端」的例子是香奈兒（Coco Chanel）。1937年開始，香奈兒住進巴黎麗思飯店（Hôtel Ritz Paris）的套房，直至離世。而在她的故居沒有睡房。原本的睡房空間被她改為沙龍、飯廳和辦公室。這樣在外人眼裡奇怪的區域配置，正是讓她最舒服的空間。

只要空間和物品本身沒有
對物主造成不便，他人的
地獄只是旁觀者的想像。

影響
生活

精簡

整理
收納

物品
繁多

沒關係

物品
雜亂

　　只有當物品對物主造成不便、在生活中扯後腿，但不知道如何下手整理、或者缺乏決心整理之時，整理這回事才有存在的價值。而每個人生活方式和風格不一樣，整理顧問可以發揮創意來量身定制最舒適的空間，幫助別人減少生活上困擾。這就是整理收納的有趣和具挑戰性之處。

　　如何得知物品的繁雜已經為自己的生活帶來困擾？請誠實回答以下問題：

☐ 找物品所需的時間超出預期
☐ 日常生活中，感到空間的壓迫感
☐ 物品為自己帶來負面情緒
☐ 空間失去應有用途，例如不能在飯桌吃飯、家人不能同處客廳、書桌不能工作等
☐ 因為雜物而影響人際關係，與家人或同住人爭執
☐ 羞於請客人上門

　　如果被雜物所困，影響生活，就有改變的需要。下一步要探討的，就是如何改變。

如何改變？

　　相信大家在過去都有收拾房間的經驗，把物品拿出來、分類、清除垃圾、用收納盒將物品歸類收納，完成。然後等到房間又變得雜亂的時候，再重複一次上述的循環。整理這回事，好像永遠沒有盡頭。

　　其實，處理物品前需要邏輯思維和良好規劃，才能順利落實，並且維持。

　　關於整理收納，我們可以在諸子百家的經典裡找到前人的思考方法來借鑑。老子在《道德經》內有一思考框架，時至現代仍有應用價值。他所說的「道、法、術、器、勢」由內至外、由宏至微，讓我們在行動前梳理思緒，以制定周詳的計畫。

道理、信念，價值觀作為最終目標

用來實踐價值觀的法則、方法

實行方法時會採用到的技術

實行方法時會採用到的工具

時勢、地勢、權勢，要順勢而為

　　這個思考方法放在整理收納的領域亦十分符合邏輯。在動手開始「精簡 – 整理 – 收納」物品之前，我們亦應該有事前的作戰計畫；處理物品，亦有相對應的**「道、法、術、器、勢」**。整理收納的規劃，我稱之為「理物思維」。我們可以建構出以下的同心圓，想像**「理物思維」**的5層思考，由內至外，如漣漪層層擴散。

理物思維的5層思考有幾個要點：

理物思維特色 1
每一層都有需要思考的問題

目標：理想生活是什麼？
行為：什麼行為能夠幫助你達到生活目標？
物品：這些行為需要什麼物品？
收納：這些物品需要什麼收納方法和工具？
趨勢：什麼時候需要調整空間設計與物品配置？

理物思維特色 2
每一層都為上一層服務

　　從上述的問題可以看出，5個步驟是一環緊扣一環，而每一個問題的答案，都幫助我們達到上一層的目的，最終幫助我們達到生活目標。

　　建築大師路易斯・蘇利文（Louis Sullivan）有一流傳至今的建築哲學格言：

　　「Form Follows Function」，意思是「形式服從功能」。

　　建築物的首要目標在於它的功能，不應為單純的美學而存在。房子若不能讓人住得舒適，即使其外觀再美、再宏大也不值一提。

　　物品對我們而言，「形式服從功能」的道理亦同樣適用。處理物品的終極目的是改善生活。因此，處理物品前我們應充分了解自己及同住者的生活目標。

理物思維特色 3
處理物品的步驟，是從最內層到最外層

目標	●制定生活目標 ●分析現在空間和物品帶來的問題及其成因
行為	●記錄現有生活習慣及分析達到生活目標的理想行為 ●規劃空間及設計動線以定位物品配合行為
物品	●精簡物品 ●整理（分類和排列）物品
收納	●根據物品特徵、空間特徵和個人收納傾向，選擇適合的收納方式和工具
趨勢	●檢視 「時勢」（生命階段改變） 「地勢」（環境改變） 「人勢」（生活模式和家庭組成改變） 而調整物品

　　「行為」層中的「動線」與「物品」層中的「精簡」和「整理」會視情況而時有互換。一般情況下，不論空間大小，只要在固定的空間進行整理，「行為」的動線設計會比「物品」整理優先。

　　然而，如果是不決定未來的居住空間的狀況，例如移民或旅居生活，「物品」的整理則會比「行為」的動線設計優先。

訂立生活目標
先有目標才能有效整理

在處理物品時，我們或許會**不知覺地以物品或其他外力為中心**，產生無關痛癢的想法：這件衣服很貴、這個杯子被客人稱讚過很漂亮。我們卻很少**以自己為中心**做決定：這件衣服適合我嗎？我覺得這個杯子漂亮嗎？訂立目標時，可以提醒自己，達到屬於自己的理想生活才是整理收納的最終目的！

在一開始就訂立目標的另一個好處是，**對空間與物品的掌控程度會增加**：你會知道每件物品對自己而言的意義、它需要放在這個位置的原因、它會如何幫助你達成目標等，你的思緒和判斷會變得無比澄明。

最後，當完成整個整理收納作業，再回想你的生活目標，亦會更有動力去維持整理收納後的成果。

找出你的生活目標

如果現在單刀直入地問：**你想像的理想生活是什麼模樣？** 可能會有點抽象。一時之間亦可能不知從何說起。這時你可以試著透過完成以下的3個練習，慢慢建立自己的目標清單。

生活目標練習 1
尋找滿足感的來源，作為生活目標

第一個練習是由上而下（Top-down）類型的練習，將會由廣入深，從讓你產生持續滿足感的生活範疇出發，摸索屬於自己的滿足感需求，然後逐步收窄和具體化能提供滿足感的生活目標。

首先，請選取能讓你產生滿足感的範疇（可選部分，亦可全選）。

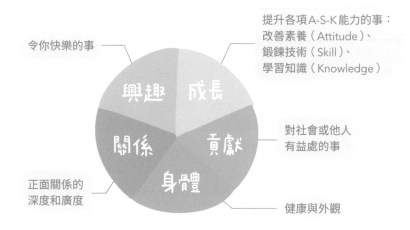

再來，收窄在範疇中的你自己的理想型態。例如説，在「成長」範疇，你有什麼想要達成的？例如提升鋼琴造詣、改善脾氣等。

完成上面的圓餅圖，你應該會對自己的目標有一個大概的描述。

生活目標練習 2
逆向思考練習——緊急避難包

如果在第一個練習中，你仍然感到迷惘，不太能夠找到產生滿足感的生活目標的話。以下由下而上（Bottom-

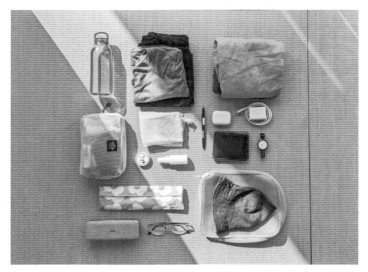

緊急避難包示意圖

up）類型的練習可能適合你。與由上而下的練習相反，逆向思考能有助於見微知著，從你重視的「物品」推論出你最重要的價值或「目標」是什麼。

在小說《莫斯科紳士》中的主人翁，因為政治原因被軟禁，而且只可留下極少量私人物品。寥寥數樣物品反映他的身分、知識和品味。

如果有一日，你需要在30分鐘內逃離住處，你會如何準備必須要帶的隨身物品（bug-out bag）？

你可以訂下自己的隨身包內容物的選取原則。例如選擇特定的物品數目，或者特定的容量（比方說一個登機行李箱能裝下的物品）。

我的隨身包清單規則有4項：

● 以33件物品為限
● 若物品有配件或零件，分離後就不能有效使用，則以「產品＋配件」算作1件物品
● 不包括能在一個月內能消耗完的短期消耗品，例如食物、肥皂、紙巾
● 不包括收納用品，例如筆袋、證件套等

你的規則可以不一樣，但前提是必須確保自己能在30分鐘內把清單內的物品全部打包出門。

反覆思量，我的物品清單如下：

1	銀行卡	12	長褲	23	斜背小包
2	身分證	13	運動短褲	24	背包
3	電話機器配件	14	襪子	25	拖鞋
4	iPad及其配件	15	襪子	26	項鍊
5	電腦及其配件	16	內衣	27	月亮杯
6	瑞士軍刀（包含指甲鉗、剪刀）	17	內衣	28	大毛巾（沐浴）
7	瑞士軍刀（包含小菜刀，小鋸子）	18	內褲	29	中毛巾（洗臉）
8	長袖上衣	19	內褲	30	消毒酒精
9	長袖上衣	20	保暖防水外套	31	保溫水瓶
10	短袖上衣	21	禦寒中層外套	32	雙層不鏽鋼保溫食物盒
11	短袖上衣	22	短靴	33	叉子

經過分類物品用途後，我得出幾個生活目標的大概描述：

● 電子用品

　　▶閱讀（**自我成長**）、插圖創作（**興趣**）、生財（**生活必須**）

● 餐具、月亮杯、耐用衣物

　　▶減廢（**價值觀**）

● 衛生用品和濾水器

　　▶健康乾淨的身體

　　除了必需品和符合價值觀的物品，可以得出我的自我成長類的目標為閱讀、興趣類目標為畫畫、身體類目標為保持健康和乾淨。

　　除了觀察自己選取了什麼物品，從中推斷出對自己最為重要的事情，亦可以觀察自己放棄了什麼物品，發現某些以為很重要的事情，並不是你的核心目標。

　　檢視清單後，出乎我的意料，我過往一直買買買的化妝品和護膚品，卻一件都沒有帶。原來「把自己的外觀變美」這件事只是錦上添花。

　　隨身包清單練習的重點在於，以使用目的分類物品以及排序物品對你的重要性。在限制數量的前提下，人對於什麼對自己最重要，瞬間會變得清晰。

　　如果只可以選33樣物品過活，你會選擇什麼？

　　對你來說，什麼樣的人生最重要？

生活目標練習 3
具體的目標與行為清單

選定生活目標後，接下來就是讓這些目標變成可實行的計畫和行動。

在這個步驟，我們可以參考管理學大師杜拉克（Peter Drucker）所提出的目標管理技巧：「SMART Goal 目標管理」。

Specific	明確具體地描述目標，並清楚描述步驟
Measurable	量化目標，例如加入時間、數量
Attainable	確保有完成目標的條件和資源
Relevant	每個小目標必須與大目標有關
Time-based	具備達成目標的時限

經過具體化的思考，我的目標清單長這樣：

目標範圍	目標	具體行為
自我成長	閱讀多一點書	睡前每天閱讀工具書15分鐘
興趣	插圖技巧更進一步	每星期至少出一個包含插畫的 Instagram 貼文
身體	保持血壓正常	減少咖啡的攝取，雙數日不喝咖啡

　　這裡有一個建立良好習慣的小技巧。「時間」除了可以作為時限，為目標定下一個死線，亦可用「時間」作為完成目標的單位。

　　以上面的閱讀行為為例，「每天閱讀○○分鐘」比「每天閱讀○○頁」更能讓行為變成持久的習慣。前者比較不會讓人有壓力，如果精神不太好或心情有點低落，還要完成閱讀特定頁數這個目標，就會可能產生壓力或擔心完成不了。相反地，我們只需規限在某個時段閱讀，讀快讀慢也沒問題，只要拿起書讀就是了，心理壓力便會隨之降低，長久下來亦較能維持習慣。

　　在下一節，我們將會運用理物思維規劃家中的不同區域，以及避免各種整理收納期間會遇到的陷阱，幫助你達到目標，擁有理想生活。

Unit01 總結

- 理物思維提供分析和解決物品及空間問題的邏輯框架。
- 理物思維5部曲：目標 – 行為 – 物品 – 收納 – 趨勢。
- 動手處理物品前，應該先訂立生活目標和記錄行為，再讓物品去配合。
- 動手處理物品的順序為精簡和整理物品本身，再選取合適的收納方法和工具去配合。

Unit 02

規劃

讓空間與物品成為理想生活的助力

在這一節將利用理物思維來協助我們制定目標和行為。希望各位也已經開始訂立目標清單（目標層）和分析行為，以及建立對生活產生正面影響的習慣（行為層）。

除此之外，在這個章節還會分析如何將理物思維具體應用在規劃空間（行為層）上。

日常行為與空間連結

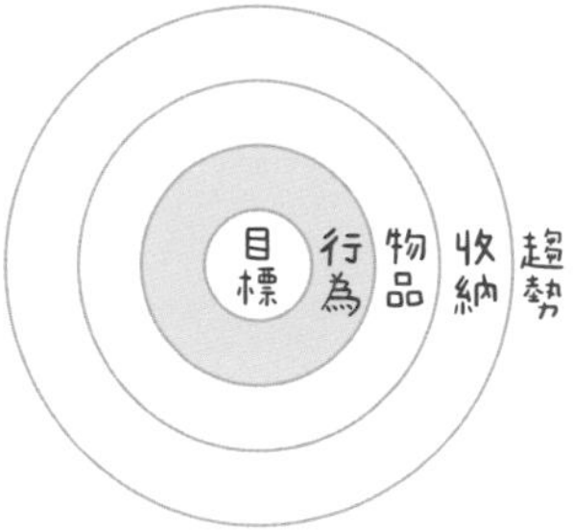

目標需要與行為連結。同理，行為需要與空間連結才能事半功倍。在處理物品之前，我們應該思考如何利用空間，為它們定義功能，從而配置所需物品，才能便利日常行為。

我們可以大概記錄自己工作日與非工作日時在家中的行為，這些行為又會在那個區域進行。

區域的意思不單是房間，更可以是一個更細小的特定區域，例如書桌和床邊等。描述得越仔細，你會越了解自己的生活軌跡。

一日行為概要

工作日			非工作日		
時間	事項	區域	時間	事項	區域

各區域使用習慣

區域	使用者	行為	所需物品	物品定位以及收納方法是否帶來困擾？如有，請說明。

規劃空間的要訣
──讓空間成為你的助力

　　在記錄行為和充分了解生活軌跡之後，我們就可以分析現在的空間規劃是否符合以下空間規劃原則。如果規劃不當，就會導致行為動線不順，為生活帶來不便。

規劃空間要訣 1
同一系列的行為的動線越短越好

　　日常生活中，有很多的行為是一氣呵成的，這些系列行為的動線要盡量縮短，減少進行一個活動時來來回回，造成生活的不便。除了洗衣到乾衣或晾衣；洗菜、備料到煮菜等家事，你在「一日行為概要」的表格中可能也記錄了你特有的行為模式與順序。

　　例如說，有些人的晚間習慣（Nighttime Routine）包括敷面膜、播放音樂、看書到拿掉面膜。如果在清楚了解自己的行為後再重新配置所需物品（面膜、音樂播放器和正在看的書）在相鄰的位置，甚至在同一位置，就會大大減少所需的時間和力氣了。

　　調動行為動線除了可以便利已有的日常行為，還可以幫助我們建立新的行為，邁向生活目標。

　　在《原子習慣》中，作者提到要培養好習慣或戒掉壞習慣的話，其中一個技巧是重新設計環境（Redesign the Environment）。若是想培養好習慣，就把現有行為與希望建立的習慣行為盡量做到無縫接軌。例如在飲水機旁放置水果，讓每次倒水成為吃水果的提醒。相反地，想要戒

菸的話，可以把打火機跟菸放在客廳的兩個相反的角落，利用拉長行為動線來抑制點菸這個行為。

規劃空間要訣 **2**
互相排斥的行為需要區隔作業空間

另外，如果家中各人的日常行為互相抵觸，而你不希望這些行為有交集的話，就要區隔空間來應對。

以下面的一個家庭作為例子。這個家庭的生活目標是讓兩名兒子保持學業成績的水準以及讓一家人可以享受共同遊戲的時光。

他們生活行為包括：
- 平日 08：30 ～ 15：30 哥哥和弟弟需要在家中上線上課程和做作業
- 平日 09：00 ～ 18：00 爸爸在家工作
- 媽媽大多數時間在家，晚上 7 點煮好晚飯
- 兄弟兩人有很多棋類遊戲及模型
- 兄弟兩人在課餘時間一起玩遊戲
- 媽媽會在假日跟兄弟閱讀課外圖書

家中所有圖書、玩具跟模型都放在兄弟各自房間，以致兩個睡房的書桌空間所剩無幾，而兩兄弟則在客廳各自用電腦遠距學習。由於客廳是公共空間，時常有人往來，加上兩兄弟的課堂同時進行，所以時有互相干擾的情況。

由於學習需要專注力，學習跟遊戲的行為抵觸。所以，此時他們要解決的問題是，如何規劃出讓兄弟上課時專心上課、遊戲時遊戲的居家空間。

由於遊戲和閱讀是共同活動，所以在客廳規劃出玩具跟圖書角落，放置相關物品，從而騰出空間讓兄弟在睡房的書桌上課。

　　根據生活目標而重新分配兄弟的學習、閱讀和遊戲等行為的區域，並放置所需家具及物品。家庭的生活品質得到提升。媽媽再也不用擔心在客廳打擾到兄弟上課，也可以利用客廳這個公共空間，進行親子活動，增進感情。

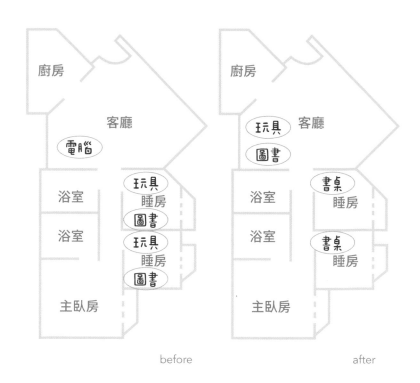

before   after

規劃空間要訣 3
使用中的物品與備品儲存區域的距離越短越好

　　如果使用中的物品與備品相隔甚遠，亦會使動線過長，造成生活不便。

　　話說我家的浴室沒有任何收納櫃，只有以洗手台平面作收納用途。於是，我們的衛生紙都放在客廳。每次更換衛生紙都要從客廳取一卷帶入浴室。

　　可能是習慣使然，家人都沒有注意這其中的不便。但我想到的是，其實浴室門口旁就有一個收納架，我把架上的文具清空後，可以放上十幾卷衛生紙。只是一個小小的重新配置物品的動作，從此換衛生紙的動線和時間大大縮短。

　　只要充分了解自己的生活目標和行為軌跡，繼而規劃合適的空間與行為動線，家就會成為你邁向理想生活的助力。

Unit02 總結

- 先記錄行為，再規劃空間，最後配置所需物品。
- 一系列行為的動線越短越好。
- 矛盾的行為需要空間的區隔。
- 使用品和備品的距離越短越好。
- 物品定位讓物品配合現有行為，
  亦幫助我們建立邁向目標的新行為。

選擇
從次選人生走向豐足人生

在前兩節，我隱約提到一個概念——意識生活。在 Unit01，我們尋找和設定生活目標；在 Unit02，我們把生活目標，透過規劃行為和空間，與外在環境連結，最終達至理想生活，即意識生活的日常體現。那麼，究竟意識生活具體來說是什麼？

什麼是意識生活？
跟整理物品有什麼關係？

意識是人對外在環境及自我的認知能力以及清晰程度。當我們過有意識的生活，**謹慎地為生活中的每個選擇下決定**，透過五感覺察當下感受，內心就會回歸平靜。

就字面上來說，生活是具有目的性的，不渾渾噩噩地過每一天。在近代的生活哲學領域，有不少意識生活的例子影響了我們如何看待物質和物品，甚至成為了整理收納的流派。

除了前期的建立目標、行為分析以及動線規劃，處理物品有三個步驟「**精簡 – 整理 – 收納**」。而這些生活哲學影響最深的莫過於在「精簡」這一環。以下整理了幾個或

許你也曾聽過的意識生活例子，並介紹其背後反映的價值觀。

極簡主義（Minimalism）

美國第一批極簡生活提倡者 The Minimalists 解釋，極簡主義者選物時有兩個原則，一是「必要（Essential）」，二是「有價值（Value-adding）」。

可是，人們卻都專注於前者，誤以為極簡主義者只擁有必要之物，而且越少越好，生活就是大丟特丟、清心寡慾，產生不少誤會。

事實上，極簡生活更重要的是**選擇對自己有價值之物**。至於選

擇為何，就視乎個人的生活模式。因此，每個人的極簡生活都有所不同。例如說，一個人的價值觀是環保，那麼，冷氣機對他來說可能不是必要，亦違反他的價值觀。

可見，極簡生活的重點並不是單純推崇物品減量，而是在了解自己的價值觀和需求的前提下，選擇適合自己的物品。

並非每個人在生命的每個階段都需要減物。隨著價值觀、生活目標和行為的改變，對我們而言有價值之物也會有所變化或增加。因此，以「意識生活（Intentional Living）」來形容這一種因應個人價值觀和需求而選物的生活模式更為貼切。

不消費主義（Freeganism）

　　不消費主義者（Freegans）提倡不消費亦不賺錢。他們以降低慾望以及消耗社會上因過度製造而浪費的資源生活模式，來達致「減少消費，增加利用」的目的。如果只看以物易物、吃剩食等表象，不去了解這些行為背後的目的的話，或許會有人誤會他們是在行乞。

　　你注意到了嗎？即使極簡主義跟不消費主義的生活模式或許有相似之處，都在減少物慾，但出發點卻完全不同。極簡主義的出發點主要在於提高生活品質；不消費主義運動的出發點卻是善用社會中過剩資源。

　　每個人的生活模式、物品數量的需求以及對物品的依賴程度都是不同的。一個普通人未必需要過不消費主義者或極簡主義者的生活，但每個人都**必須思考物品對我們的意義是什麼**。

▎你有權不做選擇

　　面對物品，我們的處理步驟不外乎是「精簡」、「整理」和「收納」。而大多數人在第一步「精簡」就卡關了。明明希望生活過得豐足，選擇透過購買物品來提升生活品質，卻往往落得生活空間不足、雜物滿滿的後果。面對物質過剩的社會，或許我們需要學習不做選擇。

　　人生中的每一天面對林林總總的選擇。有些選擇至關重要會因此改變往後生活，有些則瑣碎無聊；有些情況我們只能選一，有些情況我們可以全選；有些選擇會帶來不一樣的結果；有些選擇只是披在「選擇」名義下的次選（非首選）和重複品。

比起「我全都要」的思考模式，**懂得選擇**與**懂得不去選擇**，更容易幫助我們邁向豐足的人生。

人的精力與時間有限，我們應當花費在有價值與為我們帶來愉悅的選擇上。對於那些對我們日常生活沒太大影響的事，乾脆不做選擇，或是選定一個，然後從一而終。

以美國前總統艾森豪在決策時所使用的艾森豪矩陣（Eisenhower Matrix）分類工具為例。面對不重要而不緊急的事情，我們的對應策略應為「Delete」，刪除任務，不去花時間處理。

	緊急	不急
重要	DO 立刻做	DECIDE 擇日做
不重要	DELEGATE 讓人做	DELETE 不做

至於什麼事情歸類為不重要而不緊急，則需要經過個人反思和建立生活目標之後才能決定。賈伯斯（Steve Jobs）決定不選擇每天要穿的衣服，固定穿上高領上衣跟牛仔褲。那是因為每天穿什麼不是他在意的一環，對他來說既不重要，也不緊急。可是，如果你是一位經常面對客戶的人，甚至在時裝界奮鬥的業內人士，衣裝就是你的物品重心。

　　刪掉無關輕重的選擇、精簡在生活中無關輕重的物品，大腦會感謝你為它減少不必要的工作量。

▌分辨「選擇」與「次選」

　　不知道大家有沒有說過「最美之一」、「最偉大之一」之類的話。其實語言在一定程度上影響了我們如何思考。當我們說「最」的時候，是在嘗試說最極致的那一個；可是當我們在說「之一」，就等同放棄選取最極致的一個——也就是容許接受次選。

　　現在請你把最近購買的物品翻出來，然後回答以下問題：
● 你買回來的，在家中是否有相似的？
● 你買回來的物品，在家中是否已經有同一場合使用的？
● 你是否比較願意或喜歡使用家中已經有的物品多於剛買的新品？
● 你是否有相當數量未開封的備用品？
● 你是否經常用不完消耗品？

　　如果以上皆是，你可以思考一下，**為什麼容許眾多次選品充斥在生活之中，占據你的空間？**
　　要知道物品是有質量的，除非你住在百寶袋，否則物品占據的空間越多，你的活動空間變越少。而越多的次選，便會需要越多的心力和資源去維持它們的狀態。你的腦袋就會為這些你可能不會用到的物品費盡心思：它們會不會因為潮濕而發霉？抽屜不夠用了，要把它們放到哪裡去？我都還沒有使用過，應不應該把它們轉賣出去呢？什麼慈善團體會需要這些東西？

　　我們誤以為多了選擇能使生活更豐足，其實只為生活添加煩惱。「**懂得選擇**」與「**學會不選擇**」才是邁向豐足生活的條件。

探索慾望，轉移慾望

　　我知道我想要的東西可能成為日後的次選物，但依然很想買；面對家中的次選，我也不捨得捨棄，怎麼辦？為什麼順從慾望而買、留下物品，反而成了痛苦？

　　如果你意識到這些物品已經帶來煩惱，這代表現在的你被兩個矛盾的慾望牽制，一是物慾；二是對舒爽生活空間的嚮往。

　　人的天性就是會有購物慾，也會害怕失去。如果單純說服各位降低物慾，你可能會視為一種挑戰，一項不會帶來愉悅的任務。

　　我相信慾望不能殲滅，只能轉移。在面對丟棄物品的痛苦時，不如回想一開始希望透過整理物品而達成的生活目標、你買這本書的動機、設想精簡物品後的理想生活形態，讓建立舒爽空間的慾望壓制物慾，更為積極和有效率。

　　除此之外，也可以**回歸「物品」的本質**。物品被創造的目的，就是為了豐富人的生活，以「人」為核心。如果衡量一番，物品為你帶來的煩惱大於為你帶來的價值，自然就會做出適當的選擇。

　　在本書Chapter2的理物辭典中的精簡篇，會精選關於精簡物品的幾個重要概念，並加以闡述和分析，介紹如何運用各種原則和準則，不再於丟與不丟之間苦惱。而在整理篇和收納篇，我們會一起拆解不同的整理收納概念以及運用相關原則和技巧，來達到「易取、易收、易管理」精選物品的終極目標。

Unit03 總結

- ● 理想生活源於意識生活，讓自己環境連結、了解內在價值觀和追求重要的東西。
- ● 意識生活有不同的面向。保持開放態度，尊重彼此不同的生活型態。
- ● 告別帶來累贅的選擇，專注高價值選擇。
- ● 人的慾望不能殲滅，只能轉移。尊重慾望，順從慾望。

理物辭典

Chapter 2

「理物思維」的理念鼓勵人們先建立「生活目標」和分析「行為」,再動手「精簡」、「整理」和「收納」物品。本章將依照著手處理物品的步驟,拆解每一個步驟用到的概念、分析各種物品問題,並協助找出改善方法。

精簡

streamline (v.)
保留有價值之物、去除雜物、控制數量的過程

何謂精簡？

精簡是個去蕪存菁的過程。這裡說的去蕪存菁包含2個維度，除了數量，亦指質量。

精簡後的物品應達到合適數量（詳見P56「合適物品數量」）；在質量上，只留下精粹──有價值的、需要的、恰當的、舒適的物品（詳見P48的「雜物」及「主觀價值」）。

在處理物品的過程中，部分人對精簡這一步驟會感到抗拒，不願意丟棄物品。其實丟不丟或是丟多少這個結果不是重點。即使精簡的過程中沒有丟任何物品也沒關係。

精簡的意義在於檢視物品的過程。在檢視和揀選物品的過程中，你會思考和權衡輕重，越來越了解自己，知道什麼對自己重要而值得留下，以及為什麼它們值得留下。

動手處理物品的第一步

在Chapter 1提到的「理物思維」，除了事前的「目標」與「行為」規劃，動手處理物品方面有以下3個步驟：「精簡」、「整理」和「收納」。為什麼精簡是必然的第一步呢？

試想一下，如果先整理物品，把全部物品攤出來並仔細分類好，卻完全沒有檢視物品對於你而言的價值和使用率。整理物品的若干時日之後，你才發現有些物品根本用不到。此時再來精簡物品的話，物品數量不同導致所需要的收納用品的數量和家具的大小不同。於是你又要重新調整，甚至重新規劃整個空間。

因此，我們處理物品時，第一個動作應該是把同類物品集中，然後檢視它們對你的重要性，再精簡（如有需要）。

曾經搬家的人最能體會先精簡後整理的重要。不少人在搬家時匆匆忙忙，搬家前直接把物品全部打包裝箱，到新家後才驚覺很多物品根本不需要搬到新家。浪費時間之餘，亦會打亂新家的空間規劃及佈置。謹守「精簡」、「整理」、「收納」3 個步驟，便不會墮入上述的死亡螺旋了。

整理收納無法取代精簡──了解整潔囤積者（Organized Hoarders）

在整理服務期間，整理顧問透過提問和對話引導思考，使委託人清楚明瞭地衡量物品價值而檢視和取捨。這一步相當重要。如果沒有揀選物品的思考，即使能夠把東西漂亮整齊的收納好，都會有很多不需要的東西在家霸占位置喔。

從業以來，有些個案的家中相當整齊整潔，但每當物主希望舒展身體的時候，卻沒有一個放鬆的角落，空間被物品填滿。這一類型的整潔囤積者（Organized Hoarders）與大眾所認知的垃圾屋屋主不一樣。他們的家打理得井井有條，物品的分類甚至仔細且嚴謹，只是這些被整理得有條不紊的物品都是低價值甚至毫無價值的，最終淹沒了主人的空間。

如果你因為物品過多而分心、因為沒有位置而感到懊惱的話，請你仔細評估一下物品是否過量以及

物品的價值。之後在「合適物品數量」和「主觀價值」的解釋中，你會學習到相關知識，亦可以利用裡面的測驗評估自己的內心和分析囤物的原因。

精簡的時機

你上一次精簡物品是什麼時候呢？如果你回答已經有超過十年的話，很大機會你有一半的物品已經用不到，它們對你現階段的人生沒有繼續提供價值了。

物品的價值在於協助人的日常活動和豐富人的生活。而每個人生階段需要的物品都不盡相同。小時候的童裝和玩具、求學時期的教科書和筆記、熱愛烹飪時買的廚具和餐具……老年時，這些物品的價值已不如往日。固然，這些過去的物品可能有特殊的紀念價值，如果不影響現時生活的話，留下來也沒什麼壞處。只是當一旦數量龐大，就會引致囤積問題了。

以下的Clutter Image Rating (CIR) Scale將囤積分為9個級別，量度物品囤積的程度。如果你的空間像7到9級，影響日常生活的品質，甚至安全的話，便需要立即尋求專業人士解決了。

LEVEL	通道	空間用途	氣味
1 - 3	所有出口、樓梯、窗戶正常	空間使用正常	沒有異味
4 - 6	主要通道被阻礙	空間使用困難	空間內有異味
7 - 9	通道被嚴重阻礙，進出困難	空間不能正常使用	空間以外聞到異味

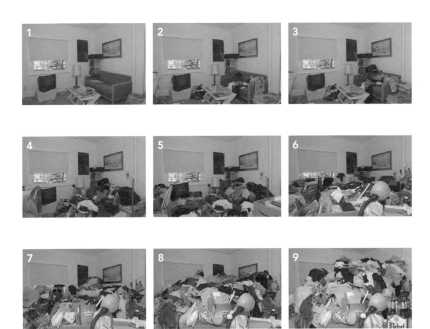

照片出處：Clutter Image Rating Scale (CIRS)
https://www.health.vic.gov.au/publications/clutter-image-rating-scale-cirs

　　囤積大多時候是一個緩慢的過程，從幾年到幾十年不等。因此，除了搬家和裝潢等時機，每逢踏入新的人生階段，例如升學、組織新家庭、工作環境改變時，檢視一下物品的價值，有助於避免空間漸趨失控。

#囤積

雜物

clutter (n.)

無法在生活中產生正面作用的物品：
1 凌亂繁雜的物品
2 令人思緒煩雜、產生負面情緒的物品
3 被遺忘的物品

雜物的誕生

　　精簡要做到去蕪存菁，不但需要解決物品過多的問題，還要去除低價值雜物。但有多少人知道雜物究竟是什麼？

　　「物品」一詞是中性的，「雜物」確是滿滿的貶義。雜物之所以為「雜」，除了因為本身雜亂之外，它們令人的思緒變得煩雜或者混沌甚至被遺忘，並無法在生活中產生任何正面作用。

　　雜物通常有以下的特徵：

● 視覺上雜亂
● 為你帶來負面情緒：內疚、沮喪、壓力
● 產生衛生問題，例如發出氣味
● 影響日常生活

　　如果你的物品有這些特徵，請正視自己的心理狀況，好好處理雜物之餘，亦好好照顧自己的情緒。

　　這裡有一個簡單的自我檢測，檢視一下物品是否對你沒有價值、品質低劣或變質，甚至影響情緒。如果察覺你一直為它們消耗精力、時間和正面情緒，請果斷放手。

主觀價值	衡量品質	順從感覺
重新檢視物品對你的價值，能否轉送或回收，發揮剩餘價值？	不必勉強留住，你值得更好	請面對自己的感覺爽快放手
○ 一年以上沒用的 ○ 被忘掉的 ○ 不知如何使用的 ○ 用途不明的 ○ 用完的 ○ 買一年卻未拆包裝	○ 壞掉的 ○ 結塊的 ○ 褪色的 ○ 變形的 ○ 泛黃的 ○ 破洞的 ○ 發出異味	○ 不實用的 ○ 不喜歡的 ○ 不合身的 ○ 不合時的 ○ 不適合現時風格的 ○ 穿上會磨擦不適的 ○ 會令你產生負面情緒，如內疚和沮喪

　　當你掏腰包購物時，想必懷著這件物品帶來美好生活的願景而買。但為什麼物品卻在不知不覺間淪為被塵埃覆蓋的雜物呢？物品淪為雜物的原因林林總總，最常見原因有：

❶ 沒有明確分類而令物品變得凌亂繁雜，物品變得無從入手而不想使用

❷ 定位錯置或收納方法錯誤，造成物品拿取困難麻煩而不想使用

❸ 因為存放已久物品喪失時效性，無法對物主的當下生活產生積極作用

❹ 未經慎重思考而購入，最後沒有機會或者不知如何使用的物品

❺ 接收了不想接受的禮物或是贈品，長期沒有使用或不知如何處理的物品

轉雜物為寶物

　　綜合以上雜物產生的原因，不難發現有些雜物是可以被拯救，轉廢為寶的。因原因❶和❷而來的雜物可以透過整理和改變收納方法，解決拿取不便的問題，進而增加它們的使用率。「整理篇」和

「收納篇」的各種理物概念會結合整理收納的實際應用例子，幫助你找出合適的改善方法。

　　至於那些因為失去時效、衝動購物和在不經意接收禮物而出現的雜物，對你來說的價值比較低，不但需要透過精簡現有物品來去除雜物，更重要的是知道如何避免重蹈覆轍，斷絕雜物的來源。「精簡篇」各概念的詞解會協助你面對自己的思緒和剖析何謂物品的價值。另外，Chapter3的「從這一刻開始動手吧」，亦會手把手帶領一步一步地走完精簡步驟。

從現在起，不要再說「雜物」

　　在一次的收納課堂的練習，學生需要規劃自己的客廳，並為客廳的不同區域劃分功能。我問其中一位學生，他的平面圖中某個櫃子要來放置什麼物品。學生說：「用來放雜物。」這樣的回答看似平常，

或許也是你或家人在選購家具或收納用品時的答案。可是，當拆解語言背後的思考，就會發現當事人其實並不知道櫃子要放什麼。在形容那些不明所以或者零碎繁雜的物品時，我們總會一律稱為「雜物」。

語言反映思考，同時也影響思考。當用含糊的詞語描述事情，我們的腦袋亦會變得模糊不清。因此在描述物品的時候，用詞能夠越精準越好。

回到上面學生的例子。如果他在買家具或收納用品時，透過提問來理清思緒：
● 收納用品需要用來放什麼物品？
● 這些物品會在家中什麼地方？
● 物品會幫助你達到什麼行為？
● 這些物品能幫助或豐富生活嗎？

或許你已經察覺到，這一系列的提問正是理物思維的由外層到最核心的提問。提問可以讓人逐漸了解物品的意義何在，亦大大降低家具或收納用品淪為雜物的機率。

從現在起，改掉以「雜物」稱呼不明所指的物品，準確說出物品是什麼吧！

#主觀價值　　#自我檢測

寶物

treasure (n.)
為個體帶來的客觀及／或主觀價值的物品

以理財角度檢視物品

《富爸爸‧窮爸爸》裡面有一個關於財富管理的重要概念——分清楚資產（Assets）和負債（Liabilities）。作者羅伯特‧清崎（Robert Toru Kiyosaki）對這兩個概念的定義是：資產是把錢放進你口袋裡的東西，而負債就是把錢從你口袋裡取走的東西。例如說，你用來工作的電腦是你的生財工具，那是你的資產；你的車子從買下來之後就不斷貶值，那就是你的負債。

如果把這兩個理財概念延伸到物品上，能為你帶來正向價值的物品就是資產（寶物），而不斷消耗你的心力金錢的物品就是負債（雜物）。

現在開始，不妨以投資眼光來檢視你的物品，思考物品對你來說是資產還是負債。

資產（寶物）的4種價值

關於雜物堆我們的負面影響，「雜物」詞解有詳細解釋和自我檢測，在此不加贅述。那麼，寶物們又有什麼特徵呢？如果物品為你帶

來以下的價值，那麼物品便是你的重要資產了：

● **實用價值**
擁有實際用途，切合你的生活目標，配合你的行為
● **金錢價值**
會升值或具備儲存金錢的能力，為你帶來金錢利益
● **紀念價值**
對你的人生和成長有重大意義，亦沒有其他代替品
● **情緒價值**
帶來正面情緒，欣賞、愉悅

　　具備實用價值的物品就是那些你會用得到實用品。經常用到的實用品包括床褥、枕頭、碗碟，這些物品或許毫不起眼，但就是生活的必需品。不常用的物品有身分證明文件、證書等，這些物品都有使用價值。雖然不常用，但仍是不可或缺的。

　　顧名思義，具金錢價值的物品是那些具備升值潛力或保值的物品。雖然你可能不會經常用到、甚至見到他們，但它們的存在本身就

有價值，必須好好保存。珠寶、金器、舊郵票等都是例子。

　　至於具備紀念價值的物品的作用就是讓你回憶起往事，如書信、照片、紀念冊、旅行紀念品等。

　　物品的最後一個價值是情緒價值。無論是畫作、花朵、非同質化代幣（NFT）……只要當看見它們會覺得賞心悅目、心曠神怡的都是你的資產，你的寶物。

　　或許你已經留意到，有些價值是非常客觀的，具備實用和金錢價值的物品放諸四海皆準。而有些物品只有對擁有者來說具有價值，而這些就是主觀價值：紀念價值和情緒價值。

　　有一個頗為有趣的例子，在虛擬貨幣的世界，有一句話用來揶揄非同質化代幣（NFT）：「能賣出去的是NFT，賣不出去的就只是JPG。」NFT就是指那些被記錄在區塊鏈上的多媒體，而最多人鑄造的NFT就是圖片。有些人把NFT當成藝術品或視為支持自己喜歡的藝術家的方式，有些人則把NFT當成投資或投機炒賣的數位產品。

這句話的由來，正好代表同一件「物品」，對不同人來說的價值可以是完全不同的。

如果你在檢視物品的過程中認同以下幾點，請務必把它們好好保存：

● 你認為該物品是有價值的
● 你願意付出維護它的心力和時間以換取它的價值
● 你願意以你和家人活動的空間，來換取擺放物品的空間

比起物品的客觀價值，我們更應覺察物品對於我們自身的主觀價值。儘管有些物品在別人眼裡或許一文不值，浪費空間，我們仍必須坦承面對自己的感受，好好守護這些寶物。

如何守護寶物──寶物與雜物無止境的爭鬥

精簡物品可以除掉生活上的噪音，但生活的核心更為重要。精簡物品的意義不僅在於騰出空間。更重要的是，將騰出來的空間留給有價值的物品──寶物。空間是有限的，雜物占據的位置每多一分，寶物的位置便少一分。

我曾經到過一對年紀比較小的情侶家。家中的櫃體不多，主要是衣櫃和電視櫃。女方的衣櫃裡被脫線的衣物、不合身的衣物、過長但還沒有改短的裙子塞爆，而她認為珍貴的名牌包卻放在客廳的污衣架上，與貓的搖籃為鄰。當她需要帶提包出門，都需要特別清潔一番。為了找不到合適的衣服而感到懊惱、覺得自己沒有行動力去修改衣物、為自己忽胖忽瘦的體型感到不安。顯然，衣櫃裡的衣服因為各種原因已經淪為雜物。它們沒有為物主帶來正面影響之餘，亦引起負面情緒和困擾。

雜物太多而讓寶物委屈的擠在一個更小或者不順手的位置。這完全是不符合效益的。把那些不合適的衣服去除後，衣櫃裡多出來一個層板區，能夠把提包等放進裡面，每一個提包和配件都有安身之所了。出門的時候，因為只保留讓她覺得自信的衣服，所以揀選衣服時也不再糾結，快捷許多。

　　與其讓寶物與雜物無止境的為有限的空間爭鬥，不如正視並遵從自己的感受，優先把空間留給你的寶物。

　　開始檢視物品，去除家中的負債物品，為寶物們找一個更好歸宿吧。

#資產　　#負債　　#客觀價值　　#主觀價值

合適物品數量

optimum amount (n.)
「不礙事之量」至「必要之量」的數量範圍

何謂合適物品數量

何謂合適物品數量？合適的物品數量因人而異。這沒有一個實數，反而是一個範圍：在「不礙事之量」到「必要之量」之間。不礙事之量即不會妨礙日常生活的物品數量。必要之量則是指維持基本生活所需的物品數量。

初心者可能對於精簡到什麼程度沒有一個概念。第一次整理物品

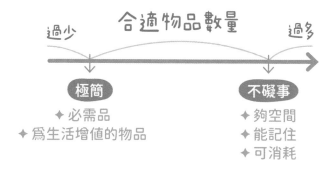

的話，不必給自己太大壓力，盡量把物品減少到對你的日常生活不造成負擔就可以了。只要物品數量達到「不礙事之量」，不過多，就可以放緩一下，不需要刻意減物了。

不礙事之量

大致上，不礙事之量有以下三項準則，你可以檢視物品數量會不會為你帶來生活負擔：
● 空間決定量
● 可管控數量
● 可消耗囤量

「空間決定量」是收納空間可容之量。物品不多於所屬的收納空間。衣服可以全部放進衣櫃或衣帽間中，不會泛濫而溢出至其他空間或房間，書櫃能夠容納所有書籍，不會零散於其他地方⋯⋯。

然而，這裡有一個弔詭之處。當物品太多而湧出空間時，有些人的條件反射是直接增加空間，購入櫃子或收納盒。只要收納空間變大，物品再多也沒問題。但當收納空間不斷擴張，而總體空間沒有改變，物品和收納用品最終仍會侵占人的活動空間。

像下圖這一家人的玄關和鞋櫃位置。起初，玄關位置只有一個鞋櫃。但十幾年下來，隨著家庭成員的年齡增長、工作和購物模式改變，鞋子的數量變得越來越多，鞋櫃與鞋盒也跟著增加。兩個鞋櫃跟數十個鞋盒已經不足夠。鞋盒差點堆到天花板，搖搖欲墜，多出來的鞋子滿到地板上，排成兩排，家人不時被鞋子絆倒。

這樣的例子正是「物品太多就增加收納空間」的思維盲點。一

直用這種方法來解決問題，物品最終會蠶食人的活動空間。一旦物品溢出所屬的收納空間，請跟從理物思維思考，先檢視和精簡物品，去除不符合現時生活目標和行為的雜物，再來好好分類物品，讓自己記住物品的存在與位置，最後調整收納方法，把現有收納空間最大化。

如果做完「精簡—整理—收納」三步驟，你的物品還是過量，就要考慮另闢儲存的位置，例如把比較不常用的物品置於倉庫，不要影響到日常的活動空間。

「可管控數量」是你的腦袋可容之量。 物品不多於你的記憶容量。如果你不時找到被遺忘的物品，不禁自問「咦？這是什麼？」的話，就代表物品數量有可能太多，以致你記不住。同時也應該重新審視這件物品於你的價值。

當物品數量是可管控的，也就不會有被遺忘的物品。如果你打開櫃子時，會有「這件物品是哪來的？」的感嘆，或是壓根不知道物品的存在，就證明它對你來說是可有可無的。

然而，這個準則是有例外的。上天是不公平的，有的人記憶力驚人，有的人卻忘東漏西。他們不是徹底忘記，只是一時想不起。又例如一些收藏家，他們擁有大量收藏品，而那些收藏品都是寶物，需要好好保存的。遇到這兩種情況的話，那麼製作一個物品管理列表，列出物品資料和位置，提升記憶容量，亦是一個可行的方法。

「可消耗囤量」是物品的生命週期度量。 物品能在變壞或有效日期前使用。萬物皆有生命週期，家具、餐具、衣物配飾等耐用品的生命週期較長，只要保存得宜，久久不會衰敗。而清潔用品、食材、衛浴用品等消耗品的生命週期比較短，只有幾天到幾個月不等。可消耗囤量這個原則適用於所有消耗品上。如果因為物品太多而用不完，導致物品變壞變質（乾掉、變味、發霉、氧化等），便成了一種浪費。在物品腐敗之前好好用完，是對環境和物品最大的尊重。

當物品處於可管理的範圍，不會有被遺忘的用品；可以統一放在

相同區域，不至於凌散混亂；每樣物品都有被充分使用的機會，雨露均沾。如果能做到以上三點，此時的你不再找不到想要的東西；不會煩惱過多的衣物往哪裡塞；不再躊躇著如何處理漏液的電池、過期化妝品和變質食品……你已經為生活去除很多不便了。

如果空間夠、記憶力好、消耗量合理的話，不論物品多少，都不會為生活帶來負擔；反之，如果生活空間不足、記不清物品、用不完消耗品的話，即便你認為物品不多，亦適宜重新檢視和精簡物品。

必要之量

如果你的物品已經達到不礙事之量，希望趨向極簡的話，就可以進一步精簡物品。所謂必要之量，不只是維持生存所需的必需品，還包括那些為生活增值的東西（關於物品的各項價值，詳見 P52「寶物」詞解）。減物生活，甚至極簡主義，不是只為生存，更是為了生活。因此，我們應察覺物品為我們的生活提供不同面向的價值。

趨向極簡的人跟普通人最大的分別在於，極簡的人精挑細選，務求讓每件留下來的物品都有明確、獨特而不可取代的價值。即使是具紀念價值的物品例如照片，亦會互相比較而選擇最能勾起回憶的一張或幾張，沒有太多相同或相似的備用品。這樣的進階精簡門檻較高，適合已經非常了解自己需求的人。畢竟不是每件丟掉的物品都能補回來。一旦判斷錯誤，就會後悔。

維持合適物品數量的方法

如果已經檢視過你的物品是寶物還是雜物，而把物品精簡到達到合適數量，在往後的日子又該如何維持呢？以下介紹三個維持合適物品數量的方法。

維持合適物品數量的方法 1
一進一出

每購入或取得一件物品，就要放手一件同類物品。如此一來，即使有物品流入，物品總數亦得以維

持，不致氾濫。

　　需要注意的一點是，在實行「一進一出」的方法時，應避免「只要淘汰一件物品，就可以買新的了」作為不理性購物的藉口。試想像如果把「一進一出」錯誤應用在衣物上，衣物的總量沒有變沒錯，但衣櫃最終會淪為快時尚場所，造成浪費。

　　試著更深入思考，假設你買了一件物品之後就可以立刻淘汰另外一件的話，那很有可能那件舊物本來就可以淘汰了，不需要等到新品來到才淘汰。

　　儘管如此，我還是很建議把「一進一出」方法應用於日常消耗品上，以免同類型物品的過分囤積

和避免變質。我亦推薦這個簡單和容易遵從的規則給第一次深度處理物品的初心者。

維持合適物品數量的方法 2
記錄用量

　　第二個方法適用於日常消耗品，那就是記錄用量。只有透過記錄自己的用量，才能精準購買合適的消耗品囤量，避免恐慌性採購。

　　在成為整理顧問之前，我學習記錄化妝品用量，記錄哪種眼影顏色要多長時間才會見底。結果是，十四個月來我只用光三顆眼影。如果我要用光當時的所有眼影，我必須天天化妝一百年。自那次實驗，我又記錄了不同消耗品的用量。左圖就是我半年量的肥皂。知道用多少後，我便可以預估多久才要採購一次，知道一次採購最多的量是多少才不算是過度囤貨，可以在消耗品變質前使用完。

維持合適物品數量的方法 3
選擇可重複使用的用品

以可重複使用的用品代替一次性用品，不但可以為環保出一分微薄之力，亦是減少物品數量的一個妙法。生活中有不少物品可以從消耗品變成耐用品。例如，以矽膠代替保鮮膜（紙）、以月亮杯或棉製衛生棉取代即棄膠製衛生棉（巾）、以重複使用的環保化妝棉取代用過即棄的化妝棉。如果家中經常宴客，可以多備幾套餐具或邀請朋友自備餐具，減少免洗餐具的用量。只要改變一下使用方法或多花一點時間清潔，減物生活可能比你想像中來得容易。

物品占用的空間每多一分，我們的生活空間便越少一分。希望你可以好好使用以上三個方法，把物品數量維持在一個合理、合適的範圍。

膠製衛生棉　　月亮杯

Silicone wrap

#極簡　　#一進一出　　#記錄用量　　#環保

心動值

joyfulness (n.)
考慮添置物品和篩選物品時，依靠情緒來判別的準則

什麼是心動值

人類有很多詞彙形容快樂的感覺，「心動」、「開心」、「幸福」……它們有層次和時長的分別。幸福是對生活現狀淡然而持久的滿足、開心是滿足慾望後的愉悅、心動是一瞬間的迸發。那麼，在捨物和購物的時候，心動值是如何左右我們的決定的呢？

怦然心動原則

近藤麻理惠提出，決定物品去留時把物件逐一捧在手上，好好感受你對它的感覺，只留下讓你怦然心動的物品。只要是那些令你產生負面情緒、笑不出來的物品，便趕快放手。

可是，有些毫不起眼的生活必需品，例如急救物品，本來就不會令你怦然心動。所以，怦然心動原則未必適合用於所有物品。這種方法比較適合用來淘汰那些令你糾結已久的、食之無味但棄之可惜的雞肋。這些次選物品不能為我們帶來愉悅感，我們卻因為不捨和其他情緒而糾結。只要了解自己想要留下物品的情緒，決定就會變得澄明而清晰。只要不能讓我笑的都去除，

取捨時會更快速和大刀闊斧。

另外，如果你曾經在購物後極速後悔的話，應該會注意到，一時的怦然心動，下一秒就可能不喜歡了。因此，我們使用這個原則時，遇到需要考慮的時候，可以先不要急著做決定，幫物品設置暫留區緩衝。趁物品在暫留區的期間，仔細聆聽心裡的聲音和觀察生活上沒有了這件物品是否會產生阻礙。如果回心轉意時，亦可以及時挽救。

怦然心動原則的最值得參考之處是，**這個篩選原則的重點不在於丟什麼，而是留下什麼**。當思維從「有什麼可以淘汰」變成「有什麼能令我心動，讓我把它留下來」，就會更容易了解什麼樣的物品能為我們帶來正面影響。物品是主人的對照。透過觀察和審視留下來的物品，我們會更深入了解自己，知道自己想要過什麼樣的生活。

It is not about what you decluttered.
It is about what you keep.

心動值波幅

相對於精簡物品時的心動值參考，相信大家在購物時更能體會到心動的感覺。奈何，心動的感覺往往稍縱即逝。在不斷地衝動購物後，我很好奇買那些令我後悔的物品時，我的心理狀況究竟是怎樣，當下的我究竟在想些什麼。於是，

我忍住先不下手購買一件覬覦已久的首飾，決定先讓自己的思緒沉澱一下，好好記錄我是如何做出買或不買的決定、買的當時我在想什麼和它令我後悔的原因。

後來，我將心動值和時間軸做成一個圖表。我發現，之所以想買首飾很多是出自於外在原因而不是內在的。例如，因為它是限量款、

它是經典款、它很亮眼、它的鑲嵌工藝獨特、它的CP值（性價比）高……這些原因令我越來越想要得到它，心動值亦達到高峰。幾個月後，那些外在購買原因開始褪去，我開始檢視首飾對自己的價值，它能為我做什麼。我開始發現戴上它的場合根本少之又少，跟自己的整體形象不搭，絕大多數的時間都只能躺在首飾盒裡。而我觀賞它時也依然有欣賞和喜愛的感覺，但同時亦出現因為沒有使用這筆錢去增值資產的內疚。

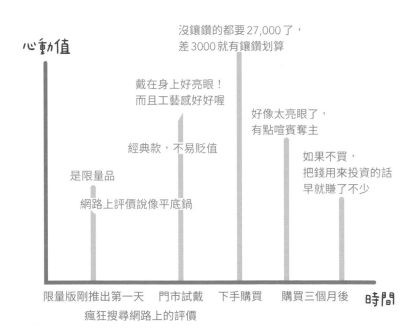

購物心動值波幅走勢

心動值

沒鑲鑽的都要 27,000 了，
差 3000 就有鑲鑽划算

戴在身上好亮眼！
而且工藝感好好喔

好像太亮眼了，
有點喧賓奪主

經典款，不易貶值

如果不買，
把錢用來投資的話
早就賺了不少

是限量品

網路上評價說像平底鍋

限量版剛推出第一天　　門市試戴　　下手購買　　購買三個月後　　時間
瘋狂搜尋網路上的評價

這次的紀錄有兩個很重要的啟示。第一，心動值是會隨時間而浮動的。只有經過越長的等待時間，我們才會越考慮周全以及更清楚自己的感覺，減少日後後悔的機會。第二，我們不能只參考心動值，更要**察覺驅動我們心動的原因**。如果心動原因是外在的，是因為物品本身或者外界的目光和聲音，自身的需求反被忽略，物品最後亦會落得被嫌棄的下場。比起單單順從當下的心動，我們買東西時更要考慮個人價值觀和往後的使用習慣。

▌按住心動值，4個購物前避免後悔的思考步驟

喜歡買買買的人或許都聽過以下這一句話：「錢不是真的花掉了，只是換成你喜歡的方式陪在身邊。」可是更多時候，錢花了，物品你也不再喜歡，之後也後悔了。如何購買不後悔的物品？先做以下4個步驟，再做決定，減少後悔機率吧。

步驟 1
等

不用焦急，時間會告訴你，你是否真的喜愛它，還是因為優惠、打折、限量、贈品而一時衝動而買。如果一個月、甚至三個月後還是念念不忘的話，買來會後悔的機率大大降低。

那麼，等待的時間要多長才算合理？其中一個可以參考的方法是，把你想買的東西的價錢除以你的時薪。例如，物品的價值等同你的一個月的工作薪資的話，就請等一個月。如果一個月後，還是覺得奢侈品的價錢值得你相當的工作時間的話，那時候再下單也不遲。

步驟 2
心動記錄

趁著等待的時間，你可以寫下那些讓自己心動的原因，整理一下你是為別人的目光而買、為物品而買、為買而買、還是為自己而買。為了別人的目光而買，虛榮大概在拍了幾張照片，炫耀後便會失效，

物慾和目光的追求亦將成為無底深淵。只為物品本身而買，它可能成為品質很好的閒置品。為買而買，在限量、打折和購買體驗完結後，亢奮感會隨之凋零。

若是為自己而買，買到自己喜歡的物品、能夠豐富自己生活的物品、貼合自己價值觀的物品，一擲千金也是值得。

步驟3
檢視已有物品

看到心動物品後，切勿匆匆下手，先回家找找家中是否已經有相似或同類物品。如果已經擁有相似物品，它們同功能、同色系、款式相似、大小差不多，你是否需要再囤一個呢？

步驟 4
了解 Cost Per Use（出場費）的概念

　　所謂 Cost Per Use 是當你使用時，物品每一次的出場費。下手購買前，你可以先預估一年內會使用它多少次？基於這件物品的品質以及你自己的需求，這件物品可以用多少年？

　　這個思考方法尤其適合高單價的物品和季節性用品。這些物品使用的頻率未必很高，加上如果自己沒需求的話，一年可能用不到一次。這個情況下，物品每一次的出場費（Cost Per Use）自然很高。即使是打了折，也不划算！如果是為了應付某個特定場合，不妨考慮租賃服務，以此減少不必要支出和囤積。

　　心動值無論在精簡物品還是購入物品時，也是一個值得參考的數值。可是，光順從心動值會令我們做決定時落下一層薄霧，阻礙了精準的判斷。了解心動背後的原因，再結合物品對自身對價值的衡量，長遠而言，我們的身邊自然被長久喜愛的物品包圍。

#怦然心動　#衝動購物　#後悔

猶豫

hesitation (n.)
不願意做決定的狀態

人為什麼會猶豫

不論是在考量是否添置物品或者是否捨棄物品時，即使已經充分考量到物品對你來說的「主觀價值」、你對它的「心動值」以及「合適物品數量」，你在決定物品去留的過程亦未必順暢。

精簡的過程中，不免遇上無法取捨的猶豫時刻。例如說，物品帶給你的正面價值與負面價值不分上下、你會混淆心動的感覺與不捨的情緒、你的空間已經緊迫但還想再塞一下等。何況，人除了是理性的動物，在做決定時亦會受到當下情緒和感受的影響。

面對猶豫不決、精簡進度被阻礙的情況，先不要糾結在矛盾的思想迴路當中，你可以：
● 優先處理其他物品
● 設置「暫留區」，先理清思緒，再處理物品
● 分析自身心理狀況和糾結的成因

優先處理其他物品

如果遇上面對物品去留時猶豫甚至糾結，你可以容許自己先不要決定。沒有物品是必須在當下決定

的。如果在沒有全面考量而匆忙決定，在處理物品之後，也會隱隱懷疑自己是不是做了錯誤的判斷。

與其逼迫自己當下做決定，優先處理消耗品和不常用的物品。這些物品跟你的情感連結沒有那麼重，處理起來不會牽動你的情緒，沒有壓力。

預防勝於治療。你在精簡之前可以先訂立精簡順序清單。根據物品的**可被替代程度、常用程度和你對物品的情感連結**，訂下各物品種類的**精簡優先順序**，如此一來便不會因為猶豫不決而阻礙你處理其他物品的進度。

設置「暫留區」，先理清思緒，再處理物品

遇上暫時不能決定去留的物品，建議為它們設置暫留區。暫留區可以是一個籃子或收納盒。

「先不要做決定」不等於「不做決定」。你需要為暫留區的物品

設置一個期限，這可以是半年至一年，到期仍沒有使用的話就捨棄。這樣一來，就不需要先淘汰令你糾結的物品，心理負擔較少。藉著這期限的空檔，你可以理清思緒，充分考慮物品是否對你來說有價值。你可以回顧本書的Chapter2「精簡篇」的各個詞解，尤其是「寶物」和「雜物」，審視物品是否符合列出的條件，有充分理由後再做出取捨。

需要注意的一點是，設置暫留區前，需要先把物品按照使用習慣分類。然後把不同類型的暫留區放置在使用場所。例如，令你糾結的是一個很漂亮的鍋子以及一些餐具，就需要在廚房裡選定一個你能看到，但不阻礙拿取其他物品的位置作為它們的暫留區。當每一次看到都決定不使用，你對這些用品的感覺會更清晰。可能最後不需要留置一年，就可以跟它們說再見了。

切記不要在家中另設綜合物品暫留區，或送去倉庫當作暫留。一旦將物品放到這些空間，不需要半年，你會直接遺忘它們的存在。

分析猶豫時的心理狀況

面對任何阻礙和問題，必須分析成因，才可以制定對策。精簡物品也沒有不同。有時候你之所以糾結，並不是因為你真的喜歡或需要那件物品。它只是因為你的各種執念而留下。

稟賦效應

最常見的執念是稟賦效應，或是稱為厭惡剝奪（Endowment Effect）。人在得到一件物品之後會不自覺地賦予比得到它之前額外的價值。在你還沒有得到一件物品時，不買它對你來說是個比較簡單的決定。一旦你買了它，就會本能上很討厭失去它的感覺。即使是面對已經不那麼喜歡的閒置物品也是一樣。面對這個心理狀態，我們需要了解沉沒成本的概念。如果一件物品不再使用，長期閒置的話，這已經算是一種浪費。物品在你決定不再喜歡和放棄使用時就失去了價值，而不是在你丟棄的那一刻。

面對紀念物品的不捨

　　第二種常見的糾結是對於紀念物品的不捨。一般來說，紀念物品是處理物品種類優先順序的最後一環。如非必要，都不要精簡紀念物品。因為這些物品都沒有替代品，丟了就是丟了，再也回不來。可是，如果紀念品太多導致嚴重影響生活，精簡時就會困難重重。

　　還記得我的第一次接案經歷。一位女士剛搬新家，在兩張床底下

就藏著五個大箱子。這些箱子從來沒有被打開過。但每次搬家她都會把它們帶走。原來，五個箱子裡全是家人的照片。由於新家的空間比較少，要是可以騰空這些床下空間，必然能使他們的居家生活更加舒適。

　　這讓我感到奇怪。紀念物品對於我們來說的意義，是把我們帶到回憶裡。可是，當我們把紀念物塵封，它就喪失作用了。想要在精簡紀念物品之餘還能好好保存回憶，也是有辦法的。美國的極簡主義先驅The Minimalists建議3D精簡法來處理紀念物品。分別是Downsize（減量）、Display（展示）和Digitize（數位化）。

　　第一個方法是減量。你可以審視一下同一個回憶的紀念品是否有多個備份、相似品和瑕疵品。例如同一趟旅程的吊飾、明信片、玩偶等，是否真有需要把所有物品都保留下來？有沒有一件物品最能讓你回憶起這美好的回憶？除此之外，相簿裡有沒有多張相似的照片？如果有，可以優先精簡掉那些模糊不清的、角度光暗不對的瑕疵品。

第二個處理紀念品方法是展示紀念品，讓他們發揮應有的作用，勾起物主回憶和引起情感。另外，當在挑選該展示哪件物品，同時也等於是在排列物品在你心中的重要性。需要精簡時，可以優先考慮那些你不願意展示的紀念品。

第三個方法是數位化。這個方法不需要丟棄任何紀念品，只是換個儲存方法。這方法尤其適合一些平面的紀念品如照片、畫作、書信和日記。數位化之後，你也可以隨時翻閱。即使不精簡，我亦建議把紀念物品數位化，以作為備份，好好保存回憶。

禮物的內疚

相信人收到適合自己的禮物都是開心的事。但當我們需要處理那些不合適的禮物時，就往往會產生內疚，不想面對。在此分享一件關於禮物的小事，闡述我的看法。

畢業數年，我已成為大學學會

的「老鬼」。一次學會邀請我參加活動，可惜我因為事忙婉拒了。學妹說不打緊，她有一件禮物要送給我。原來是一座刻印了我的名字的膠製獎座。我向她道明歉意不會收下，因為正進行極簡生活，不接收不需要的東西了。

學妹堅持特地到我家附近送給我。我不好意思再拒絕，便答應見面。那天我向她說明「我收到他們的心意，但我的生活不需要獎座，轉頭就會處理它。我會在處理它之前，以拍照作為留念的方式。希望她理解」。最後打開盒子，拍照，丟棄。

我跟獎座才相處幾分鐘，對它實在有點抱歉。可是獎座要是躺在家中不見天日的雜物堆裡，其實跟躺在垃圾堆裡也沒有太大區別。

大多數人不好意思去拒絕來勢洶洶的禮物和贈品。其實，只要好好說明，大多數人都會體諒的。再者，你與朋友的情誼聯繫從來都不在於禮物。從今天起，不要為了這些內疚情感而委屈了自己。

#暫留區　#稟賦效應　#紀念品

#禮物　#糾結　#不捨　#內疚

慎始善終

Choose Well Give Well (phr.)

添置物品時，考慮是否為生活增值；
捨棄物品時，盡量發揮它的剩餘價值

精簡以後，物品何去何從

精簡之後，物品應該去哪裡？捨物金字塔或許是一個答案。它梳理不同渠道的捨物次序，以盡可能延長物品壽命為目標。捨物金字塔的頂部最寬，代表我們應盡可能把最多的物品賣出去，送贈、捐贈次之；回收和堆填為下策。我們應盡量依循「賣▶贈▶捐▶回收▶堆填」的順序處理離開的物品。

賣（Sell）

賣物最能給予物品第二生命。物品不但為前物主提供剩餘的金錢價值，買家也因為自己要付出相當金錢，而思考自身需要，比較不會浪費物品。因此，賣物在捨物金字塔的較高位置，是最應優先選用的處理辦法。

送（Gift）

如果你的親友剛好有需要，而你的物品能為他們的生活提供價值，送出也未嘗不可。除了相贈親

捨物金字塔

賣　完好、有價值的物品

送　完好、有親朋需要的物品

捐　完好物品。針對性捐贈

回收　低價值物品、不能維修的故障物

堆填

友和街坊，亦可透過你身處的社區的換物平台和社團，贈予網友。這個方法適合一些價值比較低的物品，你會比較容易突破心理關卡，放手捨棄。當你的廢物成為別人的寶物，從中所得到的感謝和滿足感是獨一無二的。

捐（Donate）

　　如果你有大量的物品需要捐贈的話，去詢問每位親友是否有需要，或逐件物品拍照上傳網站、寫物品描述、交易的話，就有點不切實際了。這時比較適合的做法是捐贈慈善團體。需要注意一點是，大量的捐贈往往會在過程中花上團體不少行政、物流和儲存成本等。因此，捐贈前可以先簡略分類物品，例如文具一類、衣服一類、書籍一類，再搜索哪個機構最缺乏哪種物資，按需求分配，做到針對性捐贈，盡量減少機構的處理成本。

回收（Recycle）

　　回收物品是下策。物品無法再以原有的狀態繼續服務，只能拆件回收。不少機構和私人公司提供到府回收服務，亦會教授正確分類回收物品的要訣。大家可以搜尋看看相關資訊。

堆填（Trash）

　　堆填是最後一個方法。那些不能分類的綜合材料物品，連回收也不可能。最終，只好送往堆填區或焚化。堆填令環境產生惡臭、焚化對空氣造成污染，這些操作都是有副作用的，只是你看不見。最終，

家中的垃圾變成地球的垃圾。要知道不是所有物質都可在短時間內被分解，所以還是先減少不必要的購買，從源頭減廢吧。

慎始善終

萬事皆有初，欲善終，當慎始。雖然以上方法都試圖把物品的生命延長，但最終萬物衰敗有期。

要做到物品的慎始善終，在購物之前，先評估物品是否符合當下的生活目標，計算用量，精準購物；購物時，搜尋和選擇相對可持續的環保選項；購物後則是好好保存，讓物品能長久陪伴自己。到最後，物品對於自己無用之時，便透過分享物品為他人創造價值，也為物品延續壽命。

Sharing is caring.
Giving is living.
And life is the learning process of letting go.

#精準購物 #心動值

整理

organize (v.)
分類和排列，使物品有序而易於管理

　　精簡物品解決空間不足的問題，收納解決物品拿取不順的問題，而只有整理才能解決物品混亂的問題。

　　《漢典》所載，「整理」指「整頓使有條理」。對於處理物品而言，整理就是透過分類和排列來建立邏輯，讓腦袋更容易記住物品的存在與所在。即使你看不見物品，也能知道它們的存在以及在什麼位置。只要做到這兩點，就能縮短尋找物品的時間，有效管理物品了。

　　整理所指的不只有形之物，例如寫這本書的過程就是一場浩瀚的整理。想像一下，如果我不將內容分類和排序，而是把各種關於整理收納的概念散落全書各頁，再去掉書中的目次和標題，甚至刪掉頁數的話，作為讀者的你需要多久才能找到關於這篇關於「整理」的文章？人們不想花時間整理，卻花費更多的時間來找東西。這是一件極其不合理的事。

　　有的人即使不分類、也不排列物品，單靠龐大的記憶力也能順利記住物品的位置。又有些人，他們那些看似凌亂的物品，實際上是有按照邏輯分類及排列的。只是這個邏輯只有他們自己知道，外人完全看不出來。這些地方看似亂，其實

亂中有序。亂中有序所描述的正是這些鳳毛麟角的天之嬌子。如果你像我一樣只是普通人，物品一亂就找不著或者找很久的話，那就只是亂，而不是亂中有序。分類和排列就是幫助我們建立物品邏輯的不二法門。

不同的分類和排列方法

最多人在整理的過程中糾結的時刻，就是當物品有不同的整理方法，選擇太多而無所適從。

「同一個電器的所有配件應該放在一起嗎？還是應該電線放在一起、說明書保養書放在一起？」

「烘培工具應該跟煮飯炒菜用的廚具放在一起？還是分開來？」

「鍋子跟蓋子要分開放嗎？」

「這套漫畫我有兩本，但只有一本我在看，是不是不應該放在一起？」

（下刪一萬字……）

分類物品的方法有很多，每個方法會導向不同的效果。在理物思維中，「行為」先於「物品」。在分類物品之前，首先要了解自己如何使用物品，以及希望達到怎麼樣的效果。整理是為了管理。只要按你的行為、使用物品的習慣、物品的特質甚至你的喜好分類和排列物品，才會減少物品渾沌的狀態。

緊接著將介紹的「分類」和「排列」詞解，將逐一介紹不同的分類和排列方法跟它們的優缺點。一起找出讓你最順手的整理方案吧！

#分類　#排列

分類

categorize (v.)

把屬性相同的物品放在一起

4種分類方法

對於分類，大家總是高估或低估了它的難度。低估分類難度的人認為，把同種類的物品放在一起就好啦。這類型的人不是本來物品數量比較少，不用費力仔細分類就能處理好物品，不然就是物品種類不多，只需要同種分類就能在腦中清晰建立起物品的位置概念。高估分類難度的人，普遍物品的種類比較多，細緻分類起來，根本是一場燒腦的過程。即使能夠細緻分類，往往因為分類系統太複雜，分類後亦也不見得能記住。

其實，視乎不同的場境和個人習慣，所需要的分類方法也會不同。以下就有4種分類方法。它們的目的和效果都不一樣。

- 同種分類
- 同地分類
- 同時分類
- 價值分類

接下來將逐個分析，看看每個方法的優劣吧。

分類方法 1
同種分類

把物品按種類分類是可算是最直觀的分類方法了。電腦、手機和遊戲機歸3C類；小說、課本和筆記歸書籍類；小錘子和螺絲釘歸五金類等。

如果對部分物品的分類沒有頭緒的話，你可以把家中想像成各式各樣的店鋪，有賣數位商品的、有書店、有五金行。然後，再把這些店鋪鎖定在家中的特定區域，一個區域只放置一種物品。一個區域可以大如一個房間（書房）、一個架子和櫃子，亦可以小如抽屜內的收納盒。當然，如果物品比較多，分類在相連的區域也是可以，首要目的是讓同種類的物品盡量集中在一起。例如說，把電視櫃中的其中兩個抽屜定義為數位用品店，裡面就只可以放置3C用品和配件，不可以有其他不會在數位用品店出現的物品。

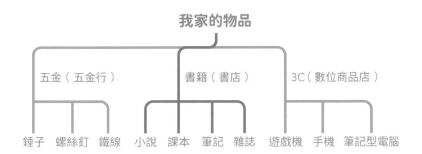

我家的物品

五金（五金行）　　　書籍（書店）　　3C（數位商品店）

錘子　螺絲釘　鐵線　　小說　課本　筆記　雜誌　　遊戲機　手機　筆記型電腦

在心理學領域中，有一種記憶法叫 Method of Loci（位置記憶術），也就是俗稱的Mind Palace或 Memory Palace，藉著具體的位置把虛無的資料具象化。位置記憶術的原理是先在腦中構建一個你熟悉的空間，這可以是圖書館、百貨公司、咖啡店等，再把需要記下來的資料跟這個想像中的空間內的各個位置連結起來。

例如說，把生物科的各項資料「儲存」在想像中的咖啡店的各個位置，循環系統資料儲存在Menu黑板上、淋巴系統資料放在咖啡機旁的食譜上、細胞的圖解出現在咖啡杯的拉花上……將位置記憶法轉化並應用在物品的分類管理上就十分直接。空間不再是構想中的空間，它就是你的家，而需要記下來的資料就是你的物品。把一種物品跟一個位置連結起來就可以了。例如說，所有的水壺固定放在廚房的左上角櫥櫃，久而久之，「水壺」跟「左上角櫥櫃」就連結起來，再也不會到別的地方找水壺了。

同種物品定點分類的好處是，把同種類物品集中放，避免相同類型的物品散落家中各處，難以尋找。此外，這個分類方法將位置化作記憶點，尤其適合記憶力沒這麼好的人或是擁有的物品種類比較多的人。每一種類的物品都有固定的單一位置。如此一來，只要記住位置，就能記住裡面的物品了。

分類方法 2
同地分類

另一個分類方法是同地分類，即**把於同一地點使用的物品放在一起**。

同種分類的著重點是一種物品對應一個位置。可是，倘若你的空間有著特定用途或者混合用途的話，單是同種分類的話，未必能滿足各項活動的需求。

有的家庭中的客廳有著一家人休閒遊戲用的物品、媽媽看的雜誌、弟弟的遊戲機、爸爸的健身器材、姊姊的瑜伽用品等。有的人的臥室除了有休息之用，亦是工作的地方，所以臥房的書桌上有著工作用筆記、課本和電腦，還有手機。雖然這些東西不是同一種類的物品，但會在同一個地點使用，因此會被放在一起。同理，即使是同一種類的物品，例如課本和小說，只要使用它們的位置不同，也不應該放在同一個地方。在哪裡使用就放在哪裡，是便利使用的分類方法。

運用同地分類要注意的是，一個地方放置著不同種類的物品或

是不同人使用的物品，長久下來會引起混亂。所以，在多人共居的公共區域中，最好以使用者來分類物品，例如一人分配一個抽屜或收納盒放置私人物品，以便管理。如果是獨居的話，即使同類物品會在不同地點使用，都要在較小的區域配合使用同種分類，為每種物品決定好位置，並在每次使用後歸位，定點管理，才不會導致物品零散混亂。例如，茶几左邊的雜誌架中只可以放雜誌，不可以放其他紙品。而正在玩的遊戲機和配件放在茶几下方的收納盒，盒內不可堆放其他物品。

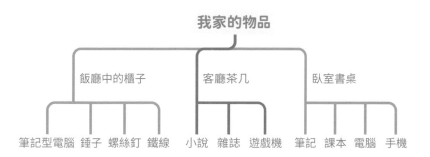

同地分類的另一個應用場景就是搬家的時候了。我們在把物品打包的時候，是依據物品在新家相對的位置。因此，我們會在紙箱外標示「位置—物品種類」，例如「客廳—書籍」、「睡房—課本」等，都會有效縮短物品上架的時間。

分類方法 3
同時分類

跟同種分類不同。即使物品的種類不一樣，只要物品會在同一時間被使用，也應該放在一起！以下廚為例，個人的飲食和煮食習慣

不同，會決定相關物品的分類。如果是一個只煮中式料理的人，以醬料、調料、食材分類即可。但如果是一個會煮不同國家料理的人，把需要的材料以菜式分類，放在相鄰的位置，便會更方便使用，減少搜索的時間。

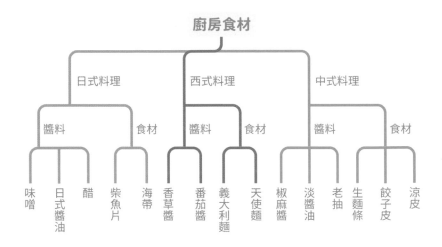

廚房食材

日式料理	西式料理	中式料理
醬料 / 食材	醬料 / 食材	醬料 / 食材

味噌　日式醬油　醋　柴魚片　海帶　香草醬　番茄醬　義大利麵　天使麵　椒麻醬　淡醬油　老抽　生麵條　餃子皮　涼皮

另一個例子，是衣物的分類，有些人屬於「制服人」。上班、休閒、運動等不同場合都習慣性的穿著某幾套衣服。以穿著場合為原則分類衣物就十分適合制服人了。不過，如果你是個喜歡搭配不同單品或者是喜歡運動休閒（athleisure）和商務休閒（business casual）等混合風格的人，以穿著場合為原則的同時分類法就未必適合你了。以衣服的種類、顏色、長短、甚至使用頻率分類可能更為合適。

同時分類的重點，是配合個人的行為目的而定。因此，你必須充

分先了解自己的喜好與習慣，才可以適當運用這個分類法。

分類方法 4
價值分類

即使是同一種類的物品，甚至是一樣的物品的幾個複製品，只要物品對物主的價值不一樣，他們都會被分到不同類別。

漫畫店的老闆可能會有三本同樣的漫畫。一本是放在防潮櫃中的珍藏、一本是在書櫃日常看的漫畫、最後一本放在書店讓客人借閱的商品。即使是同一本漫畫，它們的角色不同，就應被分類到不同的地方。這些不同的價值賦予了同一件物品不同屬性。在分類物品時，除了看表面的物品特徵，看背後的物品對物主的價值更為重要。

總的來說，不同分類方法各有其好處。我的建議是，在同種分類的基礎上，配合你的生活型態而配搭其他的分類方法，加以調整，以達到「利其器、善其事」的目的。

#同種分類　#同地分類

#同時分類　#個人習慣　#價值分類

排列

sequence (n.)
按次序安放和編排

┃3種常見的排列方法

　　排列就是按照次序安放和編排物品。在分類物品後，我們還需要按照既定的邏輯編排，才能夠迅速找到物品。這好比圖書館裡面的圖書，即使分為中文小說類、翻譯小說類、科普類等，我們都需要索書號作為排列圖書的依據。排列的方法千萬種，比較常見的排列方法分別是按使用頻率、使用流程以及挑選重點排列。

排列方法 ┐
按使用頻率

　　你還記得上次使用物品是什麼時候嗎？籠統來說，我們會說一件物品常用和不常用。如果更準確的形容，可以區分物品的使用頻率分為：每天使用、每星期使用、每月使用、每季使用、每年使用。

　　這樣的分法有什麼用處呢？使用頻率其實在精簡、整理和收納3個步驟都有著密切的關係。

　　精簡方面，物品的使用頻率能作為一個指標，能讓自己更清楚物品對自己的價值和重要性。如果

當一件物品的使用頻率少於每年一次，就要重新思考它對你是否有價值，而決定它的去留。

收納方面，當清楚物品的存取次數，就可以更清晰地決定它們的收納方法。如果物品只是每季至每年使用一次，就屬於不常用了。這些物品可以優先選用封閉式收納，把它們收進櫃子、箱子和儲存室等這些容量大但比較不容易存取的地方。而每天使用至每月使用的常用物品可以放在伸手可及的黃金高度（詳見P114「伸手可及」詞解）以及以開放式的方式收納，例如放在桌上和架子上，方便取用。

整理方面，記錄常用品的使用頻率後，便可以依據使用頻率來排列常用品了。在依照使用頻率排列時，主要**根據視線、慣用手以及離你最近的位置作為排列考量**。

以視線為例，排列衣物時，我們可以把使用頻率最高的衣服擺放在視線正前方，並把最不常用的排至邊緣視線（詳見P108「一目了然」詞解）。

考慮慣用手的話，便要將最常用的東西放在離慣用手比較近的地方。如果你的慣用手是右手，筆記或參考書依照使用頻率從右手邊排列至比較不常用的左手邊，就合乎邏輯了。

最後，最常用的物品應該離你最近。如果收納物品於有深度的架子之中，前後擺放物品的話，最常用的物品就應該放在外面，而不常用的物品則可以放在深處了。

排列文件亦是同一道理。文件可以按照使用頻率和時效分為「保存用」、「參考用」、「使用中」和「待處理」4類。保存用的文件只在有需要時使用；參考文件使用頻率中等；而使用中和待處理的文件使用頻率和即時性最高。依據文件的使用頻率和時效性編排後，便可以運用視線、慣用手和最近位置原則，決定實體文件的位置，使工作更加順利。

使用頻率類別	文件例子
保存用	合約、地契、樓契、保險
參考用	書籍、參考資料
使用中	功課、進行中的畫作
待處理	稅單、賬單

排列方法 2
按使用流程

　　在日常生活中的不乏充滿著流程的行為，從保養化妝、穿衣服到準備料理和工作都是按照流程走。按照事情的先後順序來決定物品的排列順序，是使事情更有效率地進行的整理方法。

　　在衣帽間的 U 字形的空間，按照穿著衣物的順序，從內衣、上衣、褲裙、外套，到鞋子、配件和配飾排列的話，人隨者挑選衣物時走動，便是最短、最省時、不走回頭路的動線。

　　另一個推薦使用的場景是工作流程。可以記錄一下自己的工作流程，再於電腦桌面上排列好不同工作步驟所需要的文檔和工具。以 YouTube 創作者為例，他的工作流程和相關文檔和工具包括：

第 1 步：構思主題
　　　　（參考素材、瀏覽器）
第 2 步：寫文稿
　　　　（Word 檔案、線上字典工具）
第 3 步：錄製及剪接影片
　　　　（剪接工具、字幕工具、動畫及圖片素材）
第 4 步：發布影片
　　　　（描述及連結列表文檔、SEO 工具）

　　整理好以上步驟後，就可以把所需要的檔案分別裝在 4 個資料夾

之中，再按照以上工作步驟命名資料夾。不但讓工作者更加清晰工作進度，亦較少搜尋檔案的時間。

排列方法 3
按挑選重點

　　第3種排列方法就是按照自己挑選物品的重點而決定排列順序。這個方法因人而異。你需要先觀察自己選擇物品的時候，以物品的什麼特質作為挑選條件。

　　以選擇衣服為例，你可能考慮當天的天氣和出席的場合而考慮衣服的厚薄、大小、長短、顏色、材質等。而排列衣服的依據，就取決於這些物品特質之中，哪個是你的挑選重點。如果你揀選衣服的首要重點是衣服的長短，次要的重點是顏色。那麼先把衣服由長至短排列，再在每個長度區間中以顏色深淺排列，就是適合你的排列方法。

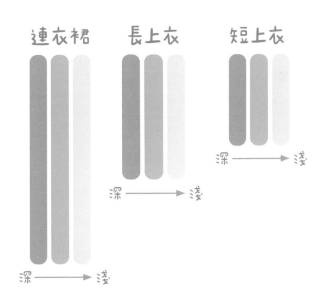

數位檔案的排列

除了排列實體物品，我們在生活中最常接觸到是排列數位檔案。檔案的排列方法視乎檔案的儲存目的和工作流程。但無論什麼排列方法，要檔案有邏輯地排序，都須從最核心、最簡單的命名檔案開始。即使分類和排列方法未如理想，命名清晰的話，亦能縮短搜尋檔案所花費的時間。在此分享3個命名檔案需要遵從的要點。

數位檔案命名原則 1
保持命名的一致性

命名檔案時，最好事先決定命名的格式，然後貫徹始終，以保持命名的一致性。例如：

● 如果使用英文命名，應使用英式英文還是美式英文？

● 如果檔案名稱有兩個或以上的名詞，例如「項目名」與「日期」，兩者之間取用什麼符號分隔？是「-」還是「_」？

只要命名有著一致性，即使檔案眾多，在視覺上亦會因為格式一致而能夠更快地對比不同檔案。

數位檔案命名原則 2
去除打亂排序邏輯的命名因素

一旦排序被打亂，檔案便會難以管理。而最容易打亂順序的因素就是數字。因此，注意日期順序和保持數字一致就變得十分重要。

日期的標示，建議以「年」—「月」—「日」的順序作命名。若是以月或日為先的話會打亂時序。

另外，如果一個時段內有若干檔案要開啟，建議先估算檔案總數是個位數、百位數、還是千位數？估算後，在數字前加上適當的零，使編號的長度一致。那麼，在電腦排列檔案時，就不會引起混亂了。

數位檔案命名原則 3
命名越清晰越好

最後提供一些檔案命名技巧，檔案內容描述的準確度越高，無論是在讀取或是排列檔案都能有所助益。

- 盡量避免使用含糊的用詞，例如「其他」、「雜項」等
- 檔案名字應精而簡，避免冗長的字句
- 檔案名稱的元素應從廣至窄，例如先寫項目，再寫其時間和地點等輔助資訊
- 如果要使用簡稱，必須先建立一套所有成員都知曉的簡稱列表

排列的學問不比分類的少。適當使用不同的排列方法不但能夠縮短找尋物品的時間，亦能使物品看上去更為整齊，讓人賞心悅目。

#使用頻率　#使用流程　#挑選重點
#文件排列　#衣物排列　#檔案排列　#檔案命名

分類樹

organizational chart (n.)
分類物品時使用的心智圖工具

利用分類樹作為整理藍圖

事情需要計劃，而整理分類的計劃藍圖就是分類樹。在過去的整理個案中，無論是幫助家庭整理物品或者是協助企業整理文件，一旦處理的物品種類繁多和分類不清，分類樹的角色就會變得十分關鍵。

實物的分類原則不只一種（詳見P80「分類」詞解），數位檔案的分類亦因工作流程和個人或企業不同的需求而定。雖然如此，分類樹本身是有通用原則可循的。運用這些原則，可以讓物品或檔案的分類框架更加容易整理，亦會讓你記住這個分類的藍圖。

在「分類」詞解中，我們稍微應用了分類樹輔助例子說明不同的實物分類方法。在這篇中，就來看看分類樹的應用原則如何幫助整理數位檔案、協助我們工作吧！

分類樹第 1 原則
分層以「7」為限

假設你在工作上面對的某項工作流程有27個環節，你打算把這27個環節獨立地逐項記下來，還是選擇以「3項大分類×3項中分

類×3項小類別」這樣記下來？

　　根據認知心理學家，喬治米勒（George Armitage Miller）對短期記憶的研究，人腦短期記憶的項目是「7±2」，即5至9個項目。9層已經是大多數人的短期記憶極限了。如果你不是對工作細節倒背如流，能夠把細節從腦中短期記憶的區域轉移到長期記憶區域的話，那麼利用分類樹把工作分類和拆解至比較小的類別，每個類別儲存較少數量的資料，會比散亂地記住每個環節來得容易。

　　建立分類樹的第一項原則是不要過量分層。建立分類樹的其中一個目的幫助我們記住物品和資料。

　　在準確分類的前提下，分類樹的分層越少越好。如果分層過度，反而令資料更難尋找。

　　想像一下當你處理電腦檔案，如果電腦檔案像俄羅斯娃娃一樣，需要按140個子資料夾才找到需要的資料的話，不覺得煩躁才怪呢。一般來說，處理個人物品的分類樹3層就足夠了。即使是政府這樣大型的機構，內部檔案管理指引亦建議不超過7層，避免分類樹過於臃腫和複雜。

　　對於不經常開啟檔案的同事、健忘的同事、新人或實習生，在瀏覽檔案時，便可省卻不斷忘記、來回翻看和搜尋的時間。

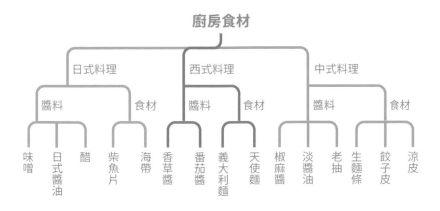

以上頁圖為例，「廚房食材」為分類樹的題目，即第0層；「日式料理」是第1層；「醬料」與「食材」是第2層，直至底層共有3層。

分類樹第 **2** 原則
重組架構以使用者為導向

分類樹的目的是讓檔案易於管理，所以建立架構時必須考慮使用者的角度。

以下是一個企業總部的分店管理資料。這家小型企業在不同的地區共有6家分店。而分店的採購和員工培訓的部分，都是由總部負責的。因此，總部有關於分店管理的檔案。

可是，採購與員工培訓屬於不同範疇，亦由不同的部門負責。第1層以分店的地區分類的話，不符合分類應由廣至窄、以項目為本的大分類原則。再者，項目在第2層才出現，不利於部門分工。專責員工需要在每一個第1層地區資料夾之下，找出自己負責的項目，為工作徒添阻礙。

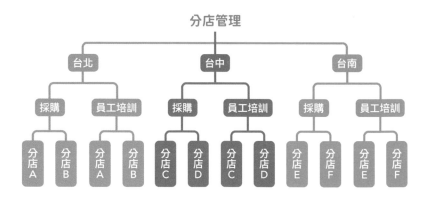

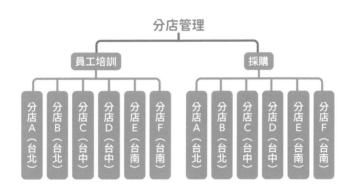

第1層與第2分層互換之後，是不是精簡清晰了許多呢？

分類樹第 3 原則
簡化架構需要考慮分類邏輯、架構兼容性及資料存取目的

　　如果文件種類太多導致架構臃腫怎麼辦呢？為了方面搜尋，建議分類樹分層以7層為限。要以7層分完所有文件，就需要利用有系統的命名方法再分類。我們可以用**兩段式命名融合分層**，保持分類樹架構的簡潔。

　　在上面的分店管理例子，地區和分店名稱被合併。分店名稱和地區有從屬關係，地區是分店的所在地區。因此，重組這兩層擁有相似屬性的分層直觀而合理。可是，除了相似屬性，在簡化架構的時候，我們還有其他的因素需要考慮。

　　以下頁的家庭支出作為例子，撇除家庭財務的題目不算，分類樹共有4層，分別是家備、家備名稱、支出種類和月分。如果想要縮短每次儲存資料往下尋檔的路徑而需要合併分層的話，有以下解法。

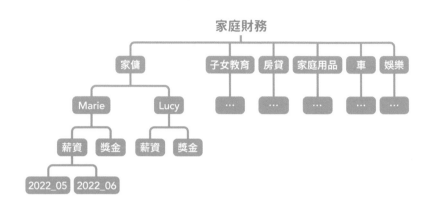

第一個解法，合併第1層和第2層，即家傭類別和家傭個人。這兩層的屬性相似。即使「Marie」和「Lucy」被命名為「家傭Marie」和「家傭Lucy」，在分類的本質上沒有改變。不過，當我們細心觀察第2層的其他分類，就會發現其他分類都是一個大的支出類別，而家傭分類時卻有兩個個人資料夾。這樣的分類方法就會失去同層分類的統一邏輯了。

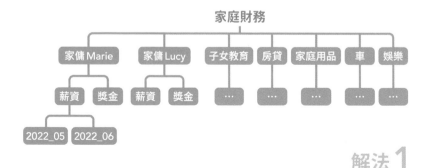

解法 1

第二個解法，合併第2層及第3層，即家傭個人以及薪金種類。這兩層的屬性不同，一旦舊分類樹中的第2層或第3層需要增加分類時，例如日後招聘更多家傭或者增加其他家傭相關的支出的時候，新的分類就會同時壓在新分類樹的第2層。新分類樹的第2層的檔案便倍增。

分類樹的架構很多不是一成不變的。在分類時需要考慮到分類的兼容性。倘若把不同屬性的分類合併，便會減少新舊架構的兼容性。日後需要改變分類樹架構的時候，要分拆或合併不同分類時，才再將不同屬性的分類層拆開，會十分麻煩。因此，不同屬性的合併方法比較適合不變項的資料種類整合。

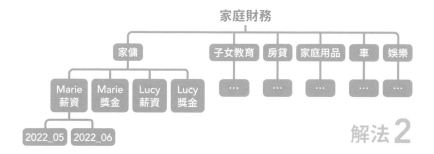

最後一個解法請參考下頁圖，是以兩段式命名檔案本身，合併第3層和第4層，即支出種類和日期。家傭個人的資料夾成為根目錄。雖然支出種類和日期具有不同屬性，但當需要搜尋帳單的時候，我們的存取目的大多時候都是具備時效性的。甚至可以用「月分_支出種類」的方法命名，這樣的話，

帳單以時序排列，更有利搜尋。

跟第二個解法一樣，不同屬性資料的合併方法可能會加劇同層的檔案增加。但在這個例子，月分的增長速度是可預見的，只要支出種類不增加太多以及檔案命名的格式保持一致，瀏覽和搜尋時都不會太困難。

解法 3

從上面的例子可以總結，需要合併分層的時候，需要考慮統一的分類邏輯、架構的兼容性和資料的存取目的，達到一個清晰而易管理的分類樹。

回到理物思維，處理物品的終極意義在於便利我們使用，任何整理和收納原則的最終目的是貼合我們的行為，幫助我們達到目標。如果找不到一個十全十美的檔案分類方法，彼此原則有衝突的話，就需要評估是否簡化架構，又或者考慮以上3個因素後，選取一個最便利使用者管理檔案的分類方法。

分類樹第4原則
資料的維持

建立分類樹架構後不代表一勞永逸。有些資訊是分類樹無法提供的。我們需要建立檔案總覽，記錄相關資料，以便管理檔案。

總覽表格至少包括6項元素：❶檔案名稱、❷檔案在分類樹中的路徑、❸開檔及關檔日期、❹儲存位置、❺時效、❻檔案存取權。

視乎需求，我們可以增加資料不同的機密等級，存取權亦可以細分為修改權、存取權和瀏覽權。

檔案名稱	檔案路徑	開檔日期	關檔日期	位置	銷檔時限	存取權
Project X – Part 1	BUSDEV/ INVESTMENT/ PROJECT X/ Part 1	2020-03-04	-	辦公室B – 書架第一層	項目完結一年後	行政部所有員工

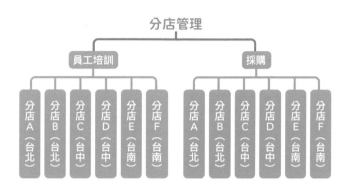

物品需要汰舊換新，檔案亦如是。總覽的其中一個作用就是協助檔案管理員把時效已過、不再使用的檔案搬離分類樹。如果企業的檔案沒有汰舊換新、只存不銷，日積月累之下，檔案數量會與日俱增，逐漸成為企業的負擔。嚴重的甚至租用一整間辦公室儲存文件，白白為文件交租。

企業不但可以替財務文件設定符合法定期限的丟棄期限，其他不同性質的文件也可以設定丟棄的期限，例如應徵者應徵後的若干月（人事文件）、項目完結的若干日數後（項目文件）、轉售公司資產的若干年等。一旦資料失去時效，請把資料（數位檔案及實體文件）銷毀或另存到舊文檔（Legacy File）的區域。以上圖為例，一旦分店F倒閉，企業應把已關閉的分店的檔案搬離正在使用中的分類樹中。

分類樹的應用廣泛，實體物品和數位檔案皆可應用。無論是個人和企業，如果運用分類樹的整理邏輯，進行有系統的檔案管理，必定能節省尋找檔案的人力和儲存檔案的成本！

#辦公室整理　#文件整理

#檔案管理　#企業檔案

分類傾向

organizing preference (n.)

個人在分類物品時的偏好

整理的要點是找到一個讓你的腦袋容易管理物品的分類及排列方法。但有些時候，你覺得合理的分類和排列方法，未必適合其他人。所以，當我們處於一個共用空間，就需要理解別人的整理傾向，從而尋找整理的最大公因數。

接下來不妨做一個測試，看看你偏向宏觀分類還是微觀分類。如果你認同下列的事項越多，代表你越偏向宏觀的分類，反之則越偏向微觀。

○喜歡捲衣服多於折衣服
○懶得打開櫃門
○會隨手放東西在平面
○不愛花時間分類物品
○只需要大概知道物品所在區域
○能夠接受輕微雜亂
○抗拒閱讀說明書

微觀人 micro　　少　　勾選數量　　多　　宏觀人 macro

偏向宏觀分類的人

　　在「分類樹」詞解中，我們了解了分層的邏輯。其實，分類樹的分層在實體世界中的表現就是一層又一層的包裝。用衣服的例子說明，分類樹第1層是衣服（在衣櫃中）、第2層是褲子（在抽屜中）、第3層是牛仔褲（抽屜內層）。

　　宏觀的人在整理時偏好大而化之，存取方便最重要。他們亂的原因主要是因為：

● 分類太多、太細碎，容易忘記分類。如果衣櫃有20個抽屜，你會記住每一個抽屜的內容物嗎？

● 分層過多，以致取物動作數目多，取用不便。如果把戒指放在衣櫃中的抽屜、抽屜裡的收納盒、收納盒中的包裝袋、包裝袋裡的小盒子中，你戴完之後會立即把它順手歸位嗎？

　　由於記不住和難拿取，使用細緻分類系統的宏觀人很容易放棄收納。使用適合自己的宏觀分類才是王道：

● 減少分層和同層分類數目。子分類不超過3層，同層分類不超過9個。3層的分類對大部分的個人用品整理來說已經很足夠了；而9這個數目已是人類短期記憶的極限。

● 善用易於存取的收納用品：籃子、無蓋收納盒、掛衣架、吊掛區為主的衣櫃、抽屜分隔。

偏向細緻分類的人

適合細緻分類的微觀人會物品雜亂的原因和宏觀人恰好相反。他們如果沒有一個清晰的分類，一旦不同的物品放在一起，就會陷入混亂之中。他們亂的原因通常是：

● 使用沒有次分類的收納工具：大籃子、沒有分隔的大抽屜等。微觀人把物品放進去後下一刻就忘了內容是什麼。

● 因不能設置滿意的分類系統，而沮喪和放棄。

對於微觀人，我建議下列的改善方法以供參考：

● 選取收納用品時，需要考慮分類是否清晰。例如，抽屜內的小物分隔用品和可自由調整分隔的收納盒，都是微觀人的好幫手。

● 選取適合物品大小的容器，避免使用過大的收納用品。

● 容許稍微雜亂和灰色地帶。物極必反，即使立意做到分類盡善盡美，有些情況的分類是無法做到完全完美的，需要做取捨（詳見P92「分類樹」中的家庭財務例子）。微觀人需要放寬心一點，甚至容許一點灰色地帶。畢竟，分類的意義是幫助管理物品。只要分類後能清楚知道物品的所在，就是及格的分類系統了。

我經手的個案其中一例，是一對分類系統迥異的母女。媽媽對衣服十分珍惜，而且每件衣服都有特定的搭配。於是，她會把上衣、連身裙和外套以及它們的配搭獨立的套上透明衣袋。由於她相信女兒會使用衣袋獨立裝好衣服，所以也將衣袋給了女兒。可是，站在女兒的視角，她喜歡混搭不同風格，衣服之間的配搭可能性很大。這種細緻的分類系統根本不管用。衣袋就默默躺在衣櫃中的一角。

大概只有摒除認知偏差，充分了解與你不同的人的收納傾向，再換位思考，才是真正的從受者出發為對方設想吧。

#宏觀分類　　#微觀分類　　#收納用品

收納

store (v.)
讓物品易取易收的存放及展示方式

收納是什麼

收納必有其目的。在此必須強調一個觀念，收納不是單純把物品儲存起來，亦不是把物品塞進空間的意思。

物品的作用在於為生活提供價值，如同文具輔助我們工作、紀念品提醒我們美好回憶等。正因陪伴我們的物品都有其價值和角色，才更應該好好利用。而只有在物品好拿取的情況下，我們才有意識去善用它們。因此，在物盡其用前提下，**收納的意義在於有效保存以及便利我們使用物品。**

以流動性最高的收納空間——冰箱為例。一個普通家庭，就算不是每天下廚，幾乎每天都會打開冰箱拿取飲料或採買後放置食材。食材的進出相較於其他物品的替換較為頻繁。如果只是把食材塞好塞滿，但沒有考量到如何將食材順利取出，美其名是盡用空間，卻沒有善用空間。如果每次拿食物都不方便，就會大大降低打開冰箱的慾望，而食材就只有被忘記和等待變質的命運。收納的重要性可見一斑。

「收納」與「整理」不同

　　不少人會混淆「整理」和「收納」，而相互交替使用。其實，「整理」指的是透過分類和排序，使物品有序，讓人易於管理物品；收納則是透過不同的存放方法，讓物品易取易收。弄清楚兩者的意思後，就能夠分清楚它們的先後次序，知道應先使建立物品的秩序，再來才想如何安放有序的物品，選取適合的收納物品方法。

收納的2大原則

　　精簡物品後，所留下的物品都是對你有價值的。如果你因為拿取不便而沒有好好利用它們，甚至忘記它們的存在，物品就發揮不了價值了。因此，**有效收納在於創造易取易收的環境，有效保存和便利使用這些高價值物品**，是達至善用物品不可缺少的步驟。

那麼，收納方法林林總總。就以衣物來說，收納方法有用掛的、捲放的、折疊的；相關的收納用品有環形衣架、絨毛衣架、Z型褲架、掛鉤、分隔用品等。什麼才是有效的收納方法？當中有什麼準則去分析收納方法有效與否？

有效收納有2大原則：一目了然和伸手可及。一目了然的意思，是知曉並看見所有物品的位置。而伸手可及即是拿取物品時簡單、直接、沒有困難。只要謹記這2大要點，便會大大提升物品的取用效率（拿取物品時的便利程度）。

在這2大原則之下，有幾個收納要點，幫助大家分析及選擇適合自己而有效的收納方法。讓物品一目了然，就是透過前低後高、躺平式收納、留有可視區以及把常用物品放視線正前方等方法，減少視覺盲點和縮減搜尋物品的時間。

而要讓物品伸手可及，就是透過減少動作數、簡化取物線和把常用物品置於黃金高度，從而減少拿

取物品的時間和降低拿取物品的難度。這2個原則會在稍後的詞解詳細闡述。

要留意的是，這裡說的搜尋物品的時間和拿取物品的時間並非一個固定的數值。每個人的記憶力、身高、體態和健康狀況等都會影響尋物和取物時間。我們只可以與自己比較。只要收納後，每次所需的時間有所縮減，即便只是從8秒減少至6秒，亦是良好收納帶來的正面效果。

有效收納的3大要點

雖然收納有讓物品一目了然和伸手可及這2大原則，但實踐這2個原則的方法卻不盡相同。

所謂正確的收納方法不是一成不變的。或者說，並沒有單一正確的收納方法能套用到每個場所。如果有的話，那麼整理顧問的工作將不復存在。每個人只要買到一本正確整理物品的指南就可以，不需要整理顧問到訪、分析和給予建議。

隨著空間特徵、物品特徵和個人收納傾向改變，收納方法亦有所不同。正因為場所不一樣、物品不一樣、使用者不一樣，不同個案所需要用到的技巧也都不一樣。至於如何分析這3個要點，從而做到有效收納，這都會在之後的獨立詞解再詳細敘述。

#空間特徵　　**#物品特徵**　　**#收納傾向**

一目了然

at a glance (phr.)

提升取用效率的原則之一。
利用物品的擺放方法，讓物主看見所有物品。

一目了然就是不遮擋

收納物品其中一個最常見的誤區，就是不經意地製造視覺盲點，或者把常用物品放到不起眼的邊陲位置，以致物品沒有被好好利用。而收納的其中一個重要原則——「一目了然」——就是透過不同的收納方法減少視覺盲點，讓物主縮減找尋物品的時間。

以下將介紹實用的收納法，讓物品不被遮擋、明確可見，一起來看看吧！

一目了然收納法
躺平式收納

在架子上收納一些長條或高身物品的時候，如果把它們一個個直立式前後擺放的話，人們往往只會看到最外面的那一個，要看到或找到架子深處的物品會比較困難。假設改變一下收納方法，從直立式改為躺平式，讓每件物品的頂部都探出頭來，物主便可以一目了然所有物品，在取物時亦會得心應手。

以右頁圖為例，把所有保溫瓶和水壺一一躺平，便可讓物品一目了然。搭配文件收納架作為輔助，

不但可以防止水壺滾動、為物品找到一個既定的收納位置，亦可以盡用櫥櫃內高度，一舉三得。

一目了然收納法 2
留有可視區，讓後排物品
「探出頭來」

另外一個例子是衣櫃裡的層板區。這樣又高又深的空間，適合放置立體而大件的衣物配件和寢室用品，例如提包、旅行袋和被單等。可是，不少人會用層板區域擺放衣物，如果是這樣，最理想的方法是內置尺寸合適的收納盒或者加設拉籃，把層板區變成抽屜，再直立衣服，拉開抽屜便可看到所有衣物。

若想利用層板空間收納衣物，又不打算添置收納盒的話，折衷的方法是前後兩排放置的時候，避免堆疊衣服，而是把衣服直立擺放，讓層板區上方留有可視區。

堆疊衣服的話，很容易導致衣服堆得過滿，徹底遮蔽後排衣物；拿取時亦十分不便，物主需要用一隻手托住上方的衣物，再以另一隻手取出需要拿取的衣物。相反地，把衣服當成書櫃上的書擺放的話，層板上方留有空間，讓後排的衣服每一件都探出頭來，物主便能看到所有衣物；另一方面，物主也能單手抽出任何一件衣物。

一目了然收納法 3
同類物品，縱向擺放

當收納櫃有一定深度時，我們不能避免地會把物品前後擺放。這個時候便要留意，物品的種類是否一樣。假設物品種類一樣，便可以把它們縱向擺放，避免前排物品遮擋著後排其他物品，而需要費時尋找。

在下圖的櫥櫃例子，只要我們利用收納盒好好規劃每一個物品種類的位置，再縱向排好的話，便可以好好掌握每個種類的物品的擺放位置。值得一提的是，我們更可以運用「前舊後新」的擺放方法，把使用限期較前的食材放前排，最新採購的食材放後排，如此一來就能時刻掌握櫥櫃內是否有限期將近的食材了。

一目了然收納法 4
不同物品，前低後高

「前低後高」是利用物品的高度而讓物品一目了然的擺法。只要將較矮的物品放前排，高身的物品放後排，即使前後擺放，亦可以做到一目了然的效果，物品不會互相遮擋。如果物品高度一樣的話，亦可利用一些設有台階功能的收納用品，例如放置調味料的調味料架或者像下圖一樣的化妝品收納盒，來達到「前低後高」的效果。

一目了然收納法 5
常用物品放視線正前方

物品的定位取決於你的視界。要讓物品一目了然，除了在擺放物品時，使用前面所列出的方法，讓

物品探出頭來，徹底消除視覺盲點之外，亦要注意常用物品是否放在你的視線中央。

　　某次，我在到府整理的工作期間發生一件小小的羅生門。屋主說外傭把外套放在眼角餘光才看到的地方，找起來很不方便；整理時，傭人卻說因為從沒有看過屋主穿那些外套，所以放在衣櫃不好看見也不好拿的邊角位置。一時間不知是先有雞還是先有蛋。究竟是因為物品被放在角落而變得不常用？還是因為物品不常用，才將它們放在邊角？

　　最直接解決「因放錯位置而使常用物品變不常用」的方法是，把最常用物品放視線正前方。如果是一個體積比較小的收納盒，物品的位置沒那麼重要。一旦收納櫃或者架子體積大一點，把常用物品放在視線中央的這個技巧會大大提升物品的取用效率。

　　所謂的「視線中央」不一定是櫃子或架子的正中央，更多時候是取決於其打開方式。比如說，滑門（敞門）衣櫃是從左至右打開，最先進入眼簾的必然是左邊的位置。

這時候，把最常用的衣物放左邊，把最不常用的衣物放在門拉到盡頭才會看到的右邊，便是合理的擺放位置。

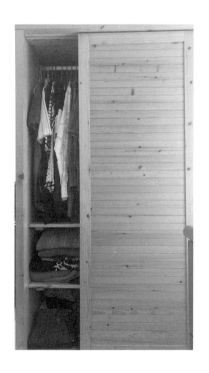

一目了然收納法 6
標籤

　　如果你注重視覺上的簡潔，而偏好使用不透明的收納盒的話，在收納用品上貼上標籤，也是一個讓物品一目了然的方法。

　　使用標籤的缺點是要先識別標籤，再取物，這樣會加長拿取時間。因此，在一般情況下，建議先使用以上幾種讓物品的擺放方法，

再以標籤作為輔助。畢竟看實物比閱讀標籤更直觀、更快速。

　　除了能讓看不見的物品一目了然，標籤也有其他好處，推薦在以下的場景使用：

● 用於需要細分種類或不常用的物品，例如文件
● 用於親子整理，例如標籤玩具箱，讓小孩認字
● 廚房中的調味料置於抽屜中或冰

箱下層（只看得到蓋子），在蓋
子貼上標籤就會減少搜尋的時間
● 裸裝的液體清潔劑或是粉狀食材
等，用統一的瓶子或收納盒。沒
有原包裝顯示內容物的話，使用
標籤便可增加取物效率。

　　基本上，讓物品一目了然物品
的收納方式取決於你拿取物品時
「眼」和「手」的位置。使用抽屜
的話，我們用的是俯瞰視線，物品
宜以直立式擺放；使用架子的話，
因為視線是在水平的位置，物品宜
以躺平式擺放。
　　只要在收納物品時考慮到我們
的視線角度，從而調整物品擺放的
方式和角度，就可以輕輕鬆鬆讓物
品一目了然，方便存取物品了。

　#縱向排列　　#直立式收納　　#躺平式收納　　#標籤

伸手可及

with one touch (phr.)
提升取用效率的原則之一。
拿取物品的時間越短、難度越低，取用效率越高。

　　每個人家裡的收納工具不外乎架子和抽屜，可是為什麼我的物品總是在拿取時就困難重重？其實，物品拿取時的不順手可能由於選擇了不合適和收納用品、收納用品使用不當或物品擺放位置不當而引起的。只要透過減少動作數、簡化取物線和把常用物品置於黃金高度，就可以把物品變得容易拿取囉！

伸手可及收納法 1
減少動作數

　　動作數是指取物時的動作數量。一般來說，動作越少，越便利拿取物品。大家可以觀察一下日常有什麼區域或物品，在拿取時不順手或者花費較多的時間，再分析當中所需的動作數，檢視有沒有可以節省的步驟。

　　以下用兩個例子為大家說明。
　　右頁圖中有兩個儲存鞋子的收納盒。你會選取左邊的還是右邊的那個？試想像一下，拿取最底部鞋子的過程。
　　左邊的取鞋過程是：拉出抽屜、取出鞋子和推回抽屜，總共有3個動作。
　　右邊的取鞋過程是：把疊在上

面鞋盒搬開、打開盒子、取出鞋子、關上鞋盒和把上面的鞋盒疊回去，共有5個動作。

顯然，左邊鞋盒的設計更加便利取物和放回物品。

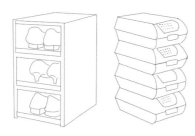

我們再參考下方廚房的收納例子。上圖的碗碟收納方式，是把一組碗碟放在一起；而下圖的收納方式，則是買一個碗碟架，把碟子直立式放置。

如果你只是需要拿取最底下的碟子的話，下圖的直立收納方式只需要一個動作，而上圖的收納方式卻要先挪動上方的杯碟，再拿取最底下的碟子，比較麻煩。

取用效率影響的不僅僅在於便利取物的那一刻，在放回物品時也相同重要。要知道，放回物品時也需要相同的動作數。如果動作數多，放回物品時不便，加上人的惰性，物品回到原位的難度便會大大增加。

有時候，我們會抱怨為什麼家人不把物品放回原位。這有可能是因為收納用品設計不合適，使得家人在拿取物品的過程過於繁複和花費時間，減低物歸原處的動力。如果改變一下收納方式或收納用品，便可避免不必要的磨擦了。

值得注意的是，即使同樣的收納方法，其動作數會隨使用習慣和使用場景而改變的。

假若你身處四口之家，大部分日子家人都會一起吃晚飯的話，選擇上圖的碗碟收納方式，一口氣拿取四口所需的碗碟，只需要一個動作；但選擇下圖直立式的放置方法，反而要逐一拿出來，動作數卻增加，如此一來下圖的收納方式便變得不合理。

因此，當你決定收納方法時，請設想不同的物品使用場景，再決定動作數較少的收納方式。很多時候，最有效的收納方法往往根據不同使用場景而改變。只要適合自己的使用習慣的收納方法，便是有效的收納方法。

伸手可及收納法 2
簡化取物線

取物線是取物時手部的動線。動作數越少能縮減取物時間，越直接的取物線則能降低取物難度。

有一天，我看到一間家具用品店的陳列，把雜誌架充當碗盤架。

這樣的收納方法看似能用盡廚櫃的高度而且把原本的收納用品再利用。可是，由於雜誌架前檔較高，拿取盤子時，需要先提起盤子再水平取出，拿取碗盤時的手部動線呈倒轉L型，並不是最順手的收納方法。

再者，直立收納碗盤的話，盤子的底部會稍微卡住另一個盤子，每次取出盤子都要挪一挪；當需要取出多個盤子時又必須一個一個取出，經常下廚的人可能會感到煩心。即使試著用單手一次取出多個盤子，亦有拿不穩的安全隱患。

如果希望再利用雜誌架作為收納用品，比較建議的做法是：把雜誌架疊高，每層平放吃飯人數數量的碗盤。每次準備餐食時，整疊直線取出。如此一來，取物線從原本的倒轉L型，變為水平直線，就能更方便地拿取碗盤。

伸手可及收納法 3
常用物品置於黃金高度

就算減少了動作數和簡化取物線，在一個收納空間中，總有的區域會比較難取，例如架子的高處和接近地面的範圍。遇上這個情況就要做出取捨，分析每個物品的使用頻率，再決定它們的所屬高度。

如果大家有閱讀過其他有關整理的書籍，或有邀請過整理顧問到家的話，應該對「黃金區域」這個詞不陌生。準確來說，「黃金區域」指的是「黃金高度」。我們會把物品高度分為上、中、下。**中層就是從視線水平線到腰間。**把物品放置於這個高度範圍是最容易拿取的。例如說，在文件架子或文件櫃中，最常用的文件可以置於櫃中的中層，而參考用的文件或是必須儲存但不太經常查看的文件，則可置於櫃中的上層與下層。這樣一來，最常用的文件都能很方便拿到。

同理，黃金高度可應用於書桌前、沙發旁和廚櫃等不同區域。說到這裡，你可能已經意會到，黃金高度並不是一成不變的。隨著你的身高、坐姿和站姿不同，屬於你的黃金高度亦會改變。坐下時，視線水平線較低、手垂下來可以接觸到物品的高度較低，擺放常用物品的黃金高度亦自然較低。

在收納物品的時候，注意擺放物品的以上 3 個原則，便可以大大降低拿取物品時的難度，並提升取用效率。

#收納　#取物線　#動作數　#黃金高度

善用空間

space optimization (n.)
把有限空間發揮最大效能

大城市寸土寸金，小宅和辦公室收納離不開空間不足這個難題。在 P56「合適物品數量」中提到，辨別物品是否過多的其中一個標準是「空間決定量」，只要物品不溢出所屬的收納空間，便算是合適的數量。不過，有時候物品快要溢出空間，不是因為物品過多，而是空間不合理地小，又或者物主沒有好好利用收納空間。因此，我們都應該學會發揮有限空間的最大效能！

善用空間第 1 步：
三面不儲物

善用空間不等於把所有空間都塞好塞滿。善用空間的第一步是分辨哪些空間值得善用、哪些空間適宜清空。在整理收納物品時，除了考慮收納物品的空間，亦要考慮人的活動空間。在居家環境中，有三處地方是一定要清空，不能用來儲存物品的。

第一個理應零儲物的地方是地面。除了家具，地面不能堆放任何物品。若地面上充滿物品，不光是打掃困難，如果家中有小朋友或

人，在地面上行走時亦會容易絆到發生意外。此外，桌子（桌面）和椅子（座面）這些家具首要服務對象是人，亦非儲物。如果作為儲物用，便會大大阻礙人的活動了。試想像，如果你的飯桌堆滿超市買來的食材和工作用的文件，飯桌反而喪失它本身的功能了。

　　至於如何辨別活動空間、收納空間及儲物空間，詳見P124「空間特徵」詞解。透過了解不同空間的屬性，我們可以清晰地分辨有哪些空間可以盡用、有哪些空間適合清空。請謹記，空間為人的生活而設計。善用空間的先決條件是物品不妨礙我們日常活動。

善用空間第2步：縮小物品體積

　　面對收納空間不足的情況，我會先建議一個簡單的方法——縮小物品的體積。有些空間不足的案例，其實只要去除不必要的包裝，甚至不需要精簡物品，就已經能釋出很多空間。

　　以下圖的冰箱為例，前後的分別只在於去除過多的食材包裝，甚至沒有使用其他收納技巧。只是去掉蛋盒和減少使用膠袋，再以尺寸合適的方形收納盒代替，就可以大大釋放冰箱空間，保持空氣流通，為食材保鮮。

另外一個減少物品體積的方法就是以可重複使用的用品代替一次性用品（詳見 P56「合適物品數量」詞解）。不但環保，亦能有效減少物品占據的收納空間。

善用空間第3步： 內部上下分層不堆疊

進一步「增加」空間的方法，就是增加內部收納空間。其要點在於分層，並且善用櫃內高度。

在一般的櫃子或架子中，尤其是櫥櫃和衣櫃，經常發生浪費高度的情況。在衣櫃吊掛區，如果吊掛的衣物較短、不及底部，我們可以利用下方的空間增加收納抽屜來收納額外的衣服。在衣櫃層板區，堆疊衣物會令衣物難以取出，直立放置衣物又會浪費層板的上方空間。在「一目了然」詞解中提到，遇到這個情況的解法是，在層板內置尺寸合適的收納盒或者加設拉籃，把層板區變成一個抽屜，不僅看到所有衣物，也能更易於拿取。

在櫥櫃和水槽下空間的分層應用亦是同樣道理。櫥櫃一般偏高，如果不是收納高身的瓶瓶罐罐。上方的空間就很容易浪費。這時候，

我們可以利用櫃內分層架、掛籃等工具，充分利用上方的空間收納扁平的物品，例如碗碟和食材。至於水槽下則可以利用伸縮桿，把帶有噴嘴的清潔用品掛起；前低後高放置兩支伸縮桿的話，更可於上方空間放置收納盒，為水槽下的空間分層。

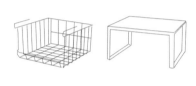

善用空間第4步：擴展外部空間，懸掛收納

除了善用櫃體內部空間，擴展外部的收納空間也是一個可行方法。外部空間泛指櫃體外、門面、牆面甚至桌底等外露的垂直面和底部。我們可以用各種小工具懸掛物品來增加收納量。常見用於懸掛收納的用品包括洞洞板、掛鉤 、掛桿、掛籃和掛袋等。如果家中沒有太多空間放置大型櫃體收納用品，懸掛收納可說是首選收納方法，其好處也多多：

✓ **善用空間**：有效利用如門面、牆面、桌底等作收納位置

✓ **有利於騰出桌面及地面空間**：方便日常工作和走動平面之餘，亦方便日常清潔打掃

✓ **減少落塵**：於櫃體和家具的底部收納物品，避免堆積灰塵。例如，在桌底收納電線、於廚櫃吊掛紙卷

✓ **減少耗材**：懸掛收納的收納用品，大多都小巧的支架和零件，例如掛籃、支架、扣環、洞板等。比起大件的收納櫃或收納架，除了減少耗材之外，運用起來亦更加靈活

✓ **易於取用**：懸掛物品在外，減少打開櫃門這個動作，拿取物品更快捷

✓ **方便瀝水**：浴室內的毛巾、牙刷、或是廚具統統掛起來，加快瀝水速度！

　　當然，懸掛收納也有限制，應用時需要注意：

● **安全隱患**：在選購掛鉤等懸掛小工具時，請留意承重上限，避免懸掛過重的物品而掉落

● **成本效益**：一個掛鉤或小掛籃只能懸掛收納一樣東西或零碎物品，收納大型或比較多的物品時，便不符合成本效益

● **損害牆面**：利用牆面作懸掛收納的話，租屋族要注意選擇無需打洞或傷害牆面的工具

● **視覺雜亂**：過度地使用懸掛收納、讓物品外露的話，容易讓空間顯得雜亂。常用物品宜懸掛，非常用物品則收進櫃中

● **難於清潔**：在廚房裡，尤其是油煙重的爐頭上方（如右圖）不建議過度使用牆面懸掛物品，不然清潔起來十分頭疼

善用空間第5步：選擇具收納功能的家具

　　在選購家具時，除了選擇實用的櫃體，也可以優先選擇具備收納功能的桌椅。這樣不僅增加收納容量，亦能讓家具發揮一物多用的功能。小宅地方不多，一張桌子不免身兼數職，在內置抽屜裡，放置不同活動所需的物品，除了方便取用，也避免桌面堆放物品的問題。

　　《斷捨離》作者山下英子提出751收納法：封閉式收納放7成滿、開放式收納放5成滿、展示式收納放1成滿，留有餘裕。這樣的話，視覺上有留白的美感，減少視覺噪音；亦創造備用空間。751收納法在某些環境比較容易實行，適合比較理想化的做法。

如果你的雜物已經滿出生活空間，或者住在城市裡的小宅或套房的話，在短時間內淘汰大量物品，達到751會有一定難度。在小宅生活，與其嚴選物品做到751效果，首要任務應該是增加收納空間。即使未能做到如示範單位的理想效果，也不代表你整理失敗。把空間最大化，便利日常生活、打造有生活氣息的空間也未嘗不是件好事！

多功能桌子的收納點子：
- 餐桌：收納餐具、紙巾
- 書桌：收納文具
- 畫桌：收納畫畫用具

#三面不儲物　　#懸掛收納

#上下分層　　#家具選購　　#751收納法

空間特徵

space attributes (n.)
收納物品時需要考慮的空間特徵，
例如寬深高、位置及取用面等。

制定收納方案時，需要考慮個人習慣和物品本身，這很好理解。但為什麼收納要考慮空間的特徵？不是只要有足夠空間，把東西收進去就完事了嗎？

大家有沒有想過，為什麼動手整理的第一步是把所有物品下架呢？這是因為，把全部物品下架以後，你可以掌握所有物品之外，被清空的空間亦會以全新的面貌呈現在眼前，讓你重新認識收納空間，找回空間感。你會發現，原來空間從來不缺。

在理想的情況下，物品為人而服務；空間為物品而服務。人應該在充分了解自己的生活型態後選擇物品，在充分了解自己的物品後選擇適當的空間。空間應該是輔助，是用來配合人和物品、服務人和物品的。

在制定收納方案時，考慮內部尺寸、取出面以及空間流動性三方面的空間特徵，收納過程必定事半功倍。

空間特徵 1
收納空間的內部尺寸

　　不同的收納空間各有不同的特徵。而尺寸大小是空間的一個重要特徵，在配置物品之前，我們要首先衡量空間的內部尺寸。否則，不單物品可能放不進去，購買收納用品時心裡也會沒有底。相反地，只要在配置物品與採購收納用品之前量好空間的高度、寬度及高度，就可以配置尺寸相應的收納用品，最大限度的發揮空間的實力。

　　在量空間尺寸時，我們需要注意兩個要點。**一、減去空間內部的關節和零件；二、預留喘息的空隙。**只要做到好這兩點，我們既可以善用空間，又不會把物品擠來擠去，變得難以取出。

　　有些空間不是四四方方的，例如廚櫃的後方可能有排氣管；洗手台的下方也會有水管。因此，量這些不規則的空間時需要減去相關體積，才可順利放進物品或收納。

　　另外，切記不可以將物品塞滿整個空間，一條縫隙都不剩。一個理想的收納空間，不論大如倉庫和辦公室，或是小如抽屜，都要適當分配儲存空間（storage area）和流通空間（circulation area）。儲存空間，顧名思義就是物品占據的空間；流動空間就是讓人和物品順利進出的空間。

　　在眾多的家居收納空間之中，冰箱最需要留有餘裕。由於冰箱具有製冷功能，冷空氣必須要有空間循環流動，才可以有效製冷。因此，冰箱最多只可以八成滿。如果把冰箱擠得滿滿，不但浪費電力，更會降低製冷能力，縮短食材的保鮮期，適得其反，導致雖然用盡了空間，卻不能善用空間。

　　在上圖的冷凍櫃中，收納盒的寬度和深度剛好配合冰箱內尺寸之餘，盒與盒之間亦留有空隙，收納盒的頂部與冰箱天花板留有空隙。收納盒的方正和合適的尺寸，既可以善用冰箱空間，亦可以保留流動空間，方便取收物品。

空間特徵 2
收納空間的取出面是水平或垂直

　　收納空間的打開角度直接影響我們擺放物品的方式。打開角度大致上分為水平和俯瞰。

　　在水平的空間，例如櫥櫃和書架，我們應該盡量避免將不同種類的物品前後擺放而互相遮擋，盡量把同類的物品縱向排列。在垂直的空間中，例如抽屜和籃子，我們應該盡量避免將不同種類的物品上下堆疊、互相遮擋，盡量由上而下擺放同類物品。

曾經拜訪一位客戶的住家，主人的浴室洗手台下的儲物空間並非一個水平空間，竟然是一個抽屜。於是瓶瓶罐罐的清潔用品便難以一目了然地有效擺放，亦不能以上下分層的方式來阻止不同物品互相堆疊。最後，這個空間只能用來放一些備用的衛生紙或其他衛生用品，十分浪費。而清潔用品必須浴室的其他地方另闢空間，才能有效儲存物品。

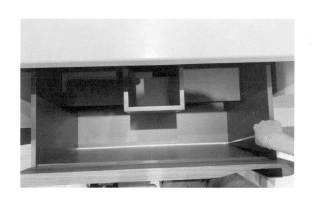

整理收納其實與室內設計和家具設計密不可分。只有空間設計得宜，才能便利有效收納。可惜，有時候決定這些空間和家具設計的主導權落在建商、室內設計師、甚至是房屋所有人或上一位租客身上。這時候，你必須了解收納空間的屬性，以不同的收納方法和工具來補救一些不順手的空間。

空間特徵 3
以物品流動性區分的活動、收納與儲物空間

如果以物品的流動性區分空間的話，空間其實有3種。除了收納和儲存物品的空間，亦有人的活動空間。

在活動空間內，物品的存在在

於輔助人的活動，活動完畢後，此空間不應有任何物品。收納空間內的物品流動性屬中等，物品會被放置在那裡，而你亦會經常從收納空間拿取物品。儲物空間即指專屬物品的家，物品的流動性較低，你只有在必要時，才會進去取物。

區分空間的流動性可以幫助我們衡量不同的收納目的，從而合理地配置物品。

活動空間有地面、桌面和座面。這三個面可以放置活動需要的物品，但活動完結後要放回原位，絕對不能囤積物品。做瑜伽的時候可以把瑜伽墊放在地面，運動後必須把瑜伽墊收起來，不能擱在那兒阻礙走道。桌面只放活動必須的物品，用餐時的食物和餐具、工作時的電腦和文件。座位上不可以長期堆放衣服。

收納空間用來收納流動性比較高的物品，包括冰箱、玄關、鞋櫃、衣櫃等。此前在「收納」一詞講述，收納不是單純儲物，有效收納的意義在於創造易取易收的環境，便利物主使用物品。因此，收納空間的取用效率比盡用空間來得重要。

儲存空間時收納流動性比較低的物品，包括展示櫃、儲物室、倉庫、迷你倉等。這些空間以充分儲物為主。你可能幾個月甚至超過一年才會挪動裡面的物品。在安全挪動物品的前提下，盡用空間比取物容易重要。

#視覺盲點　　#櫃體打開角度　　#空間流動性

物品特徵

item attributes (n.)
收納物品時需要考慮的物品特徵

　　還記得曾有個案的委託人是一位男士，要求整理夫妻倆的衣櫃。當天太太不在家，他說，在電視節目上那些把衣物按照顏色排列的衣櫃感覺好療癒，希望能用相同方法整理太太的衣服。可是，檢視衣物之後，發現衣服的顏色一半都是黑和灰，即使依照顏色排列，未必是最適合的方法。而且，不少衣服的剪裁都獨特，有可能太太不是依照顏色來挑選衣服的。於是我建議還是需要諮詢太太的習慣。

　　決定使用什麼整理收納方法的其中一個依據是物品的特徵。以上的個案反映衣服的顏色影響排列方法。物品的其他特徵又會怎樣影響收納方法？

常備品與消耗品

　　物品可以分為常備品與消耗品。常備品就是那些不會用完的物品；消耗品就是那些會用完、需要不斷採購補充的物品。如果是消耗品的話，收納時就需要讓自己可以觀察到物品的狀態是否變質，收納用品建議使用透明、方便拉出的收納盒。

　　另外，在盒外標示日期方便自己留意有效日期。最後，在排列方

面，把消耗品放在櫃內的話，就需要把消耗品縱向排列，以外舊內新的方法擺放，讓消耗品維持先進先出（first in first out）。

軟與硬

硬挺的東西，只要不是易碎或易損，都比較好收納。可是軟的東西就必須選擇硬的收納用品，不然就很容易坍塌。

不只是收納用品，物品的軟硬也會影響收納方法。以衣物為例，世上有各種摺衣法，平摺、捲、直立、口袋摺衣法等。收在抽屜裡的衣物普遍都建議直立起來，這樣可以解決衣物互相遮擋的問題。可是，如果是沒有彈性的衣物，例如雪紡、絲質，顯然就立不起來的類型，捲起來收納反而更為適合。並且利用硬挺的差異來分區，就能做到一目了然的效果。

重與輕

收納重物首要注意的地方必然是安全性。重物適合放在比較低的位置，避免置於高於頭部的高處，減少取出時受傷的機會。

另外，在搬運重物時，選擇的箱子應該比一般的小。很多人搬家時，無論是重如書或輕如衣服都使用同一大小的箱子。當中的重量就大為不同。重物用小箱，在搬運時自然減少負擔。

#消耗品　#輕重　#軟硬

收納用品

tools (n.)
輔助收納的用品

我們常說的收納用品包括2大類別：容器與工具。

容器是能盛載物品的所有載體。貨車和貨櫃是盛載貨物的容器、房間和樓宇是盛載住戶的容器；占地19公頃的香港維多利亞公園是可以盛載12萬人的容器。環顧地球上大大少少的人造容器，應該不難發現其中的共通點，那就是方形。方形本身的設計具備了兼容的特質，因此方形是最理想的收納容器。

兼容性是收納用品最重要的特質

要判斷收納用品是否具備兼容性，可運用以下2個準則：多功能（multipurpose）與模組化（modular）。

多功能即收納用品的靈活程度。選取收納用品時，功能和設置不要太細太專。收納盒如果內置不可調動的分隔，就會局限收納用途。反之，選用內置可移動分隔組件的收納盒，或者使用額外的材料作分隔的話，收納盒就可以收納不同大小的物品，增加使用用途。

　　其實，收納用品越簡單就越多功能。只要透過重組，改變用途，一樣可以達到預期的效果。選取單一用途的收納用品，一旦物品數量改變或者已經不需要那件物品，收納用品亦會隨之淪為雜物，占用居家空間。

　　模組化即是可堆疊和可緊密排列。挑選可堆疊和緊密排列的收納用品，要訣就在選擇統一大小或者是大小不一但以倍數增加長寬高的收納容器。選用方形和尺寸一致的同系列收納盒便可簡單做出可堆疊的效果，善用每一寸空間。

購買收納用品之前
需要做的4件事

　　在選購收納用品前，其實有幾件事我們可以先做考慮，減少收納用品變雜物的機會。

步驟 1
規劃會在這個空間做的活動

　　每個空間只放置活動時需要使用到的物品。如果客廳的主要功用為看電視、玩遊戲和做瑜伽的話，瑜伽墊、玩具和遙控器便是這個空間的必需品。基於所屬空間的限制和所需物品的體積，要到下一步才決定收納用品大小和形狀，適當儲存物品。

步驟 2
精簡和整理物品

　　收納的用品需要配合物品。因此，在採購收納用品之前最好先檢視、精簡和整理物品。這麼做不但能夠讓自己充分清楚掌握物品的種類、大小和數量，增加選取適合的收納用品的機率，亦避免讓收納用品收納雜物的情況出現。

步驟 3
決定你想要的風格與配色

　　在選取收納用品時，除了考慮實用性，亦要思考風格和配色是否與屋內格調一致，否則會影響美觀。收納用品亦最好選用同牌子、同系列、同色系。顏色統一的話能減少視覺疲勞。

步驟 4
衡量尺寸

衣櫃和冰箱等有深度的櫃體，首要注意收納用品的深度。太淺，不能盡用空間；太深，門關不上。放置收納容器的先後次序應先大後小。不然，體積較小的容器會被埋沒在冰箱的深處，然後被忘記。

在衡量收納用品尺寸時，亦要注意櫃子中的「有效使用空間」，預留空間方便取出。例如，假設櫃子中的門鉸位置會擋住物品進出，那麼門鉸後便不是放置收納用品的有效空間，在衡量收納用品寬度時就要留意。另外，亦要考慮取出物品時是否方便。建議收納用品與壁面之間保留至少三隻手指的空間。

#兼容性　　#多功能　　#靈活　　#模組化

收納傾向

storing preference (n.)
個人在收納物品時的偏好

有些人傾向展示型收納系統，把物品攤出來；有的則傾向封閉式的收納系統，物品不露在外。你比較傾向哪種呢？不妨做一個測試，看看自己偏向視覺系還是簡約系。以下幾個選項如果你認同的越多，代表你的分類越偏向視覺系，偏向展示收納。反之，若認同的項目越少代表你越偏向簡約，較適合封閉收納。

偏向展示收納的人

偏向展示收納的人普遍對於物品的情感依賴比較強烈，希望看到物品本身，看不到的話會產生不安

○喜歡被繽紛顏色圍繞
○喜歡看圖多於閱讀文字
○喜歡展示收藏
○很難捨棄紀念品

○東西放進櫃子裡就會忘記
○需要示範例子輔助學習
○看不到物品時會產生空洞或不安感

簡約收納
minimal   少   勾選數量   多   視覺提示
visual

感。視覺系的人空間雜亂的原因，主要是使用了不適合自己的封閉收納。望不到物品就會「眼不見為淨」而忘記有物品存在，也記不住物品的位置。針對這樣的需求，改善的方法有以下：

● 適當使用透明及開放式收納用品，例如層架、透明收納盒、無蓋收納掛袋、掛鉤和牆板等
● 在櫃內擺放物品注意無遮擋，例如前低後高（詳見P108「一目了然」詞解）
● 以顏色或標籤等視覺提示協助分類物品

另外，如果屬於視覺系的人，但是物品種類或數量比較多，則需要注意不要過度使用開放式或透明收納，引致視覺上混亂。將所有東西都攤出來和沒做整理收納是相同道理，導致一樣東西都看不到。把常用的（一星期至少用一次）的物品開放收納，其餘物品以一目了然收納法收進櫃內亦是一個可行的折衷方案。

偏向封閉收納的人

偏向封閉收納的人對於空間美感比較敏感。如果物品放在外面而不整齊的話，會容易感到煩躁。他們偏好封閉式的收納，比起開放式架子，櫃體更適合他們。適當地使用收納用品及場所，如櫃體、抽屜、不透明的收納盒、儲藏室等都是讓他們舒服的收納方法。

不過要注意的是，過多的櫃體容易會因為缺乏視覺提示，而讓人忘記物品的位置。即使表面整齊，封閉空間裡仍會有機會亂塞物品。所以，使用封閉式收納的人可以善用分類樹（詳見P92「分類樹」詞解），建立物品心智圖，聯想物品位置，建立空間記憶。另外，分類物品時，亦適宜建立不同物品的分類邏輯，例如同種分類和同地分類（詳見P80「分類」詞解），幫助掌握物品位置，以免混亂。

#開放式收納　　#封閉式收納　　#一目了然

理 物 實 踐

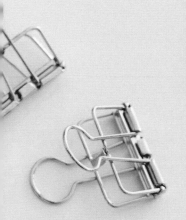

Chapter 3

Unit 01 從這一刻開始動手吧

——

Unit 02 各場所的理物思維應用

——

Unit 03 理物是一份長久的禮物

本書的Chapter1剖析了「理物思維」的理論框架。Chapter2則拆解了動手「精簡」、「整理」和「收納」物品的原則及方法。在最後一章，我將會逐步解釋動手處理物品的步驟、把「理物思維」應用在家居以外的場景，並學會如何長遠維持整理的效果。希望讀者能把知識發揮，實踐到生活之中。

邏輯先行、以人為本的「理物思維」

像眾多學說一樣，理物思維不是完美的。理物思維並非整理術，而是用來分析問題及解決問題的思考方法。處理物品前，先訂立「目標」與分析「行為」，接連動手精簡和整理「物品」本身，最後選擇合適的「收納」方法和工具，定時檢視「趨勢」，調整以上4個步驟。依次序思考，便能避免跌進眾多整理收納的思維陷阱。

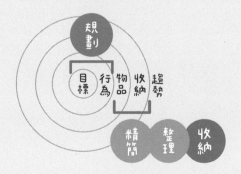

物品數量一變多，有些人會立即考慮採購收納工具和容器。思維停留於「物品」和「工具」，卻忽略了擁有的物品和收納工具是否配合現時理想生活的「目標」，以及日常在空間進行的「活動」。結果囤積的雜物越來越多。

本書貫徹的「理物思維」是邏輯先行、以人為本，免卻了以上這些可能的思維陷阱。

以整理客廳作為例子：

❶ 整理客廳前，首先考慮目標：
「客廳對你來說有什麼功用？」

❷ 接著分析相應行為，「什麼活動會讓你放鬆？」

❸ 決定做什麼活動和怎麼做（動線）後，才決定放置什麼「物品」以及如何「收納」

❹ 基於物品而選取有效的收納工具，基於個人習慣而設計合適的擺放方式

❺ 最後要考慮的是，這樣的空間設計是否符合未來形勢改變？是否需微調？例如，將來的工作模式會否改變？是否可能使用客廳作為工作室或居家辦公空間？未來家庭結構是否即將改變，會養寵物或即將生小孩？需不需要微調物品放置的位置？

以上的思考順序有利綜觀整理收納的規劃，幫助我們更全面的分析和解決現有的問題。

從這一刻
開始動手吧

自己才是物品的老闆！

當你是老闆，你會把自己變得更好這件事當作公司的業績在努力。

當你是老闆，你會充分發揮物品的價值，如同讓員工一展所長、發光發亮。

當你是老闆，你能好好管理物品，如同公司架構分明、各人權責清晰。

只是希望成為物品的老闆，光讀完這本書對改善生活毫無用處。倒不如現在就動手整理，實踐理物思維。當你要卯起來開始整理，以下的自主整理流程可以協助你理順作業順序：

精簡	整理	收納
下架 集中 挑選	分類 排列	決定 收納方法 選擇 收納用品
去蕪存菁並維持適合數量，讓你記得有什麼物品（存在）	建立邏輯，讓你記得物品的位置（所在）	透過縮短取物線、減少動作數、無遮擋收納等方法，讓物品一目了然＆易取易收

理物 3 步驟

精簡
- 下架集中同類物品
- 檢視物品是否滿足生活目標及行為所需、對你的價值和狀態，而決定物品去留
- 準備 3 個袋子，分類物品：
  ❶ 保留、❷ 未能決定而暫存、❸ 捨棄
- 捨棄類別可再細緻分為「捐贈」、「回收」、「堆填」

整理
- 按個人需求和情況，分類及排列物品
  ▸ 同種／同時／同地／價值分類
  ▸ 按照使用頻率／使用流程／挑選重點排列物品

收納
- 分析個人收納傾向、空間和物品特徵，選擇易取易收的收納方法
- 選擇合適及兼容性高的收納用品

▍處理物品的 4T 順序

　　真的要動手整理了，但是應該先從什麼物品下手處理呢？我會建議跟從 4T 的順序。4T 是理順人與物品的關係的一個概念，根據喜愛度和使用程度來分類物品。

　　Toy（玩具）：喜歡而且在用的
　　Treasure（寶藏）：喜歡但不常用
　　Tool（工具）：未必喜歡但會用到
　　Trash（垃圾）：不喜歡、沒在用

制定動手理物計畫時，不妨先易後難，從最沒有情感依賴的物品入手：

Trash（垃圾） ▶ **Tool（工具）**
　　　　　　　　　▶ **Treasure（寶藏）** ▶ **Toy（玩具）**

每個人跟物品的關係不盡相同。例如，衣物對模特兒來說是生財工具；對購物狂來說可能是4個T的性質混雜在一起。所以，請先思考一下眼前的物品對你來說是屬於哪一種類型，再決定先後順序吧。

Toy（玩具）是最珍貴的，因此可以將它放置在顯而易見、易於取用的黃金高度（眼至腰的高度）。

　　Treasure（寶藏）類型大多是紀念品，若是數量泛濫的話，建議為這些物品創造其他用途（婚紗改造）或數位化（雲端相簿）。

　　Tool（工具）則是重質不重量。建議審視有沒有過多重複功能的物品，只留下最好的一至兩套。

　　至於Trash（垃圾）就要好好分類，可以賣出、贈與、捐出或丟棄，盡量延續物品的生命。

各場所的
理物思維應用

　　我在下筆之前，曾經想過要將所有建議的整理收納方法，按照物品種類或者家中各個區域逐一寫出來。可是，理物無處不在。坊間普遍把整理顧問這個行業與家居整理連結。誠然，這是起點，但絕不是終點。與其以物品或區域為限，倒不如把處理物品的一些核心概念，從規劃到動手整理的各個環節拆解，再配以例子說明。如此一來，讀者能了解到每個概念的要點，融會貫通以後，可以靈活運用到其他生活空間中。

　　以下分享從業以來比較深刻的家居以外的案例。

▌隨身行囊

　　疫情持續的情況下，不少人已經忘了出遠門是什麼感覺，包括我的行李箱都蓋了一層薄薄的灰塵。但也有不少人還是要出差工作。這個案例的委託人需要出差幾個月，希望在出門前整理家中的消耗品之餘，也整理需要使用的幾個行李箱。

　　了解行程和職業後。我們兩個一起商討能滿足生活需要和心靈需求的物品清單，在把物品收進箱中。整理一事

可大可少。小如行李箱，整理得宜就會讓旅途安心不少。

▎工作室

　　這個案例是一間電影製作公司與其他企業共租的工作室。工作室面積不大，卻放滿了電影所需用的道具、模型、DVD、工作文件。電影製作是有週期性的，當一部電影完結，代表當中的道具亦可能不會再使用。由於有些道具都具有歷史意義，就這樣棄置又太可惜。於是導演將道具都保留下來。

　　當時並沒有動手整理，但還是給予小小建議。由於物品不少，需要員工通力合作，每星期訂出半小時的時間一小區、一小區地整理。另外也建議他們將道具捐贈給專門回收再用電影及舞台劇道具、服裝的團體，讓道具可以在別的舞台發光發亮。

辦公室

　　我常說，工作空間需要像工廠一樣，物品不但需要在外觀上排列整齊，實際上亦需要做到有效分類。工作時才會如行雲流水，一秒進入心流之境。

　　有一次幫助一個跨兩代的家庭企業整理公司文件。因為公司歷史已久，現在由兩兄弟打點，辦公室中不但「承繼」老爸打江山時的文件，還有家人們的私人文件。於是，兄弟兩人就想要把私人和公司業務相關文件分類好，並建立一套文件管理系統，讓日後的祕書有規矩可循。

　　那次的個案，用了半天時間諮詢，大半天時間建立好分類樹，再用一天的時間，按照分類樹的規劃整理辦公室的文件。

　　其實很多中小企業、新創企業、甚至政府部門對建立一套易於管理的檔案系統沒有什麼概念。一間企業有不少

業務文件要設計與建立，如果一開始創業，沒有建立易於管理的檔案系統，將來業務擴大，不同部門的同事處理文件時便會越來越不便，間接使工作量增加。

　　辦公室的實體和數位文件從檔案分類、排列到命名邏輯都是一門學問。並不是將實體文件數位化，眼不見為淨就是整理。不想讓數位文件變電子垃圾，就需要學習基本的整理邏輯。

　　各行各業有不同的運作模式及工作流程。在本書分享的，只能是初階的分類及排列通用原則。在擴大業務前或改變公司架構前，老闆們可以參考本書所載的檔案管理方法，檢視檔案的完整性、一致性以及分類邏輯是否符合業務需要及易於管理。

　　整理場所不只是居家。哪裡可以亂，哪裡就有整理。
　　而理物一事，只要掌握了原理，就可以從各個層面對生活有所助益。

Unit 03

理物
是一份長久的禮物

完成整個理物步驟，便能擁有一個澄明的生活。這樣的生活未必輕鬆。曾經的我以為只要把身外之物盡量簡化和整理，便會自然而然減少很多生活中的煩惱。事實上，處理物品不是一蹴而就。整理物品只是前菜，維持整齊才是主菜。在此分享一些維持物品整齊有序的技巧。

▎整理時間表

訂立整理時間表對於繁忙的都市人來說相當重要，但能持之以恆完成時間表的計畫需要技巧。我比較喜歡使用的技巧是以行為為本位的時間塊（time blocking）方法。

以目標為本位的To Do List往往令人感到壓力。達不到目標時亦會令人沮喪。相反地，以行為作本位的行程表（schedule）就輕鬆多了。因為它並非以結果為目標，所以只要為整理這件事付出了時間，就是有達成進度，是成功的。

改變一下你整理行程的方式，從「這個星期天之前分類和排列好廚房用品」轉為「這個星期天用3小時整理和排列廚房用品」吧。

整理時間表的各個元素

TASK	25	50	75	100	DATE	NOTES
檢視櫥櫃內的食材					MON	
收納新職位文件					TUE	
整理床頭櫃					FRI	
精簡分類化妝品					SAT	
精簡&換季衣服					SUN	

❶ TASK：寫下細分後的整理任務。可以是一個抽屜、一個櫃子、一個房間等。

❷ 數字進度條：顯示你花了多少時間執行任務。請為每一個正方形格子設置時間。例如，1格等如15分鐘，一條進度條即2小時。如果你花了1.5小時檢視食材的話，就劃下5格，記錄進度。

❸ DATE：寫下計劃執行任務的日期。

❹ NOTES：寫下執行任務時或完成任務後的感受和省思。

獎勵機制

　　無論是大人還是小孩*，最原始的獎勵與懲罰機制自古以來都對人十分有效。把你的進度可視化，是一種心理上的獎勵和鼓勵。

　　承接著時間塊，在每一次完成大大小小整理後，拿出小星星，裝進瓶子中。這種Stars-in-a-jar Technique能為我們的腦中建立提示，不但記錄了整理的成果，亦為下次整理提供動力。看看完成整個整理計畫，能不能把瓶子裝滿吧。

　　最後，送上我認為維持整齊最重要的5個心法。讓我們一起在整理的道路上努力前進吧！

維持整齊的心法

集中	行為越集中，所需要的同類型物品也能越集中，不會散落各處。
習慣	每件物品需要有專屬位置，並有效分區、促使每次用完把物品歸位的習慣。
新陳代謝	時常思考是否符合「合適物品數量」。
80%	如果100%完美整齊的門檻太高，做到80%整齊就可以了。你想要做3小時的家事達到100%的整潔，然後休息2小時？還是用3分鐘就完成家事？哪一種方式能使你更有動力維持？
溝通	與家人溝通，了解家人的收納傾向，找出切合個人需求的收納最大公約數，才會有效維持。

澄明的生活可能比起原來混沌的生活更需要心力維持。除了上述的技巧，你需要：

● 尊重自己的意願，主動拒絕不合適的禮物和好意
● 轉化購物慾，自製購物冷靜期來確認物品對你的價值
● 面對每天湧進來的雜物，決定去留或重新分類

既然理物後還要付出努力，那我還為什麼還要改變、為什麼還要維持？

我的理物契機是發現我擁有的化妝品已經用不完的那一刻。面對大量的、將會倒進堆填區的物品感到浪費和深深的內疚。自此選擇更環保的生活模式。雖然購物的次數減少，但是每次購物思量的面向和時間卻比從前隨心買更久。

即使每次購物好像變得麻煩了，還是覺得值得。這是因為我知道自己需要什麼，並順從價值觀和目標而活，覺得充實。所謂理物思維，是價值先行，以邏輯作為輔助的處理物品的過程。

現在的你，若有想要順利達成未完之事、未竟之志，那麼就需要好好抓緊所有可控的因素來實行。心想未必事成，但即使還不能掌握時機和大局，至少從身邊開始改變起，一個經過規劃、整理的房間必能成為你的助力。讓你感到鬱悶、扯後腿的空間是不會幫你完成目標的。

目標是個船錨。每天起床回想目標，你就會知道自己的定位，有動力堅持。

你一定能找到屬於自己的船錨，並朝向它而活。

國家圖書館出版品預行編目 (CIP) 資料

精粹生活的理物哲學：簡單不勉強、小坪數也適用，設計理想生活的整理收納
思維!/Clio Yung 著. -- 初版. -- 臺北市：臺灣東販股份有限公司, 2023.01
154面 ; 14.8×21公分
ISBN 978-626-329-607-7(平裝)

1.CST: 家庭佈置 2.CST: 空間設計

422.5   111017594

© 2022 Clio Yung / TAIWAN TOHAN CO.,LTD.

精粹生活的理物哲學
簡單不勉強、小坪數也適用，設計理想生活的整理收納思維！

2023 年 1 月 1 日初版第一刷發行

作　　者　Clio Yung
編　　輯　曾羽辰
美術設計　黃瀞瑢
發 行 人　若森稔雄
發 行 所　台灣東販股份有限公司
　　　　　＜地址＞台北市南京東路4段130號2F-1
　　　　　＜電話＞(02)2577-8878
　　　　　＜傳真＞(02)2577-8896
　　　　　＜網址＞http://www.tohan.com.tw
郵撥帳號　1405049-4
法律顧問　蕭雄淋律師
總 經 銷　聯合發行股份有限公司
　　　　　＜電話＞(02)2917-8022

購買本書者，如遇缺頁或裝訂錯誤，請寄回調換（海外地區除外）。
Printed in Taiwan